गणित सीखें
चिन्हों से

लखन हल्दकार

MANJUL
मंजुल पब्लिशिंग हाउस

MANJUL
मंजुल पब्लिशिंग हाउस
कॉरपोरेट एवं संपादकीय कार्यालय
•द्वितीय तल, उषा प्रीत कॉम्प्लेक्स, 42 मालवीय नगर, भोपाल-462 003
विक्रय एवं विपणन कार्यालय
•सी-16, सेक्टर 3, नोएडा, उत्तर प्रदेश, 201301
वेबसाइट : www.manjulindia.com
वितरण केन्द्र
अहमदाबाद, बेंगलुरू, कोच्चि, कोलकाता, चेन्नई,
हैदराबाद, मुम्बई, नई दिल्ली, पुणे

यह संस्करण 2025 में पहली बार प्रकाशित

गणित सीखें चिन्हों से

ISBN 978-93-5543-351-0
Price: ₹225

मुद्रण व जिल्दसाज़ी : सौरभ प्रिन्टर्स प्रा.लि.

यह पुस्तक के माध्यम से प्रकाशक या लेखक का आशय बच्चों को अच्छे से अच्छा गणित के चिन्हों के प्रयोग के बारे में जानकारी देना है जिससे बच्चे सही ढंग से सुनिश्चित और सरल तरीके से इस विषय में हो रही परेशानी को दूर करने का प्रयास किया गया है बच्चों का गणित विषय के प्रति डर को दूर करने का उद्देश्य है। पुस्तक पर अनुभवी विशेषज्ञों के पारखी नजर से निकाली गई है फिर भी निरंतर सुधार की आवश्यकता होती रहती है तो सुधार और सुझाव दे सकते है।

विषय वस्तु

गुरु ब्रह्मा गुरु विष्णु , गुरु देवो महेश्वरा ।

गुरु साक्षात परब्रह्म, तस्मै श्री गुरुवे नमः ।।

अर्थात गुरु ही ब्रह्मा हैं, गुरु ही विष्णु हैं और गुरु ही भगवान शंकर हैं। गुरु ही साक्षात परब्रह्म हैं। ऐसे गुरु को मैं प्रणाम करता हूँ।

गणित की भाषा में अंकों से **चिन्हों के बारे में महत्त्वपूर्ण जानकारी है** और उसके लिए किए गए इन चारो चिन्हों का जोड़ना, भाग, गुणा और घटाने के बारे में ज्ञान होना आवश्यक होता है। इसी प्रयास से यह किताब बनाई गई है, जो बच्चों को सरल भाषा में सबसे पहले इसका ज्ञान हो और वे इसका लाभ ले सकें। अच्छे से अच्छा गणित को सीख सके और बच्चों को इन महत्त्वपूर्ण चिन्हों जैसे - **जोड़, घटाना, गुणा और भाग** आदि अच्छे से सीखने का प्रयास करें।

संख्या पद्धति : संख्याएँ निम्न प्रकार की होती हैं।

1. प्राकृतिक संख्या → 1, 2, 3, 4, 5, ...
2. सम संख्या → 2, 4, 6, 8, 10, ...
3. विषम संख्या → 1, 3, 5, 7, 9, ...
4. पूर्णांक संख्या → -3, -2, -1, 0, 1, 2, 3, ...
5. पूर्ण संख्या → 0, 1, 2, 3, 4, ...
6. भाज्य संख्या → 4, 6, 8, 9, ...
7. अभाज्य संख्या → 2, 3, 5, 7, 11, ...
8. सह अभाज्य संख्या → (5, 7) , (2, 3)
9. परिमेय संख्या → $\sqrt{4}$, 7/5, 2/3, 3
10. अपरिमेय संख्या → $\sqrt{5}$, $\sqrt{7}$, $\sqrt{11}$, $\sqrt{13}$
11. वास्तविक संख्या → $\sqrt{4}$, $\sqrt{11}$, 4/7
12. अवास्तविक संख्या → $\sqrt{-6}$, $\sqrt{-5}$, $\sqrt{-29}$

प्राकृतिक संख्या : गिनती की सभी संख्याए प्राकृत संख्याए कहलाती है, यह 1 से प्रारंभ होकर अनंत तक जाती है।

जैसे → 1, 2, 3, 4, 5, ...

पूर्ण संख्या : प्राकृतिक (प्राकृत) संख्या में शून्य (0) को भी शामिल कर लेने से प्राप्त संख्या को पूर्ण संख्या कहते हैं।

जैसे → 0, 1, 2, 3, 4, ...

सम संख्या : वे प्राकृत संख्याए, जो (2) दो से पूर्णत: विभाजित हो; सम संख्या कहलाती है या व्यापक 2n के रूप पर भी प्रस्तुत किया जा सकता है n कोई भी संख्या हो सकती है।

जैसे 2n → 2, 4, 6, 8, 10, ...

विषम संख्या : वे प्राकृत संख्याए, जो (2) दो से पूर्णत: विभाजित नहीं होती; वह विषम संख्या कहलाती है।

जैसे → 1, 3, 5, 7, 9, ...

पूर्णांक संख्या : धनात्मक, ऋणात्मक और शून्य से मिलकर बनी हुई सभी संख्याएँ, पूर्णांक संख्या कहलाती हैं।

जैसे → -5, -4, -3, -2, -1, 0, 1, 2, 3, 4, 5......

अनंत पूर्णांक संख्याएँ तीन प्रकार की होती हैं।

- धनात्मक संख्या
- ऋणात्मक संख्या
- उदासीन पूर्णांक संख्या

a. **धनात्मक संख्याएँ :** एक से लेकर अनंत तक की सभी धनात्मक संख्याएँ धनात्मक पूर्णांक हैं।

b. **ऋणात्मक संख्याएँ :** 1 से लेकर अनंत तक की सभी ऋणात्मक संख्याएँ ऋणात्मक पूर्णांक हैं।

c. **उदासीन पूर्णांक :** ऐसा पूर्णांक जिस पर धनात्मक और ऋणात्मक चिन्ह का कोई प्रवाह ना पड़े तो यह शून्य 0 होता है।

भाज्य संख्या : ऐसी प्राकृत संख्या, जो स्वयं और 1 से विभाजित होने के अतिरिक्त कम से कम किसी एक अन्य संख्या से विभाजित हो; उन्हें भाज्य संख्या कहते हैं।

जैसे → 4, 6, 8, 9, 10, 12, 14, 16, 18, 20......अनंत

अभाज्य संख्या : ऐसी प्राकृतिक संख्याएँ, जो सिर्फ स्वयं से और 1 से विभाजित हो और किसी भी अन्य संख्या से विभाजित न हो; उन्हें अभाज्य संख्या कहते हैं।

जैसे → 2, 3, 5, 11, 13, 17, ...

संख्याओं पर आधारित सूत्र

प्राकृतिक संख्याओं का योग = (पहली संख्या + अंतिम संख्या / 2) × n

- N = (अंतिम संख्या – पहली संख्या / वर्ग अंतराल) +1
- प्रथम n प्राकृत संख्याओं के वर्गों का योग = $n(n+1)(2n+1)/6$
- प्रथम n प्राकृत संख्याओं के घनों का योग = $[(n(n+1)/2]^2$

भाग के सूत्र

- भाज्य = (भाजक × भागफल) + शेषफल
- भाज्य - शेषफल = भाजक × भागफल
- भाज्य - शेषफल / भागफल = भाजक

अंकों से गिनती का ज्ञान -

1. १ One एक – ▲

2. २ Two दो – ▲▲

3. ३ Three तीन – ▲▲▲

4. ४ Four चार – ▲▲▲▲

5. ५ Five पाँच – ▲▲▲▲▲

6. ६ Six छः – ▲▲▲▲▲▲

7. ७ Seven सात – ▲▲▲▲▲▲▲

8. ८ Eight आठ – ▲▲▲▲▲▲▲▲

9. ९ Nine नौ – ▲▲▲▲▲▲▲▲▲

10. १० Ten दस – ▲▲▲▲▲▲▲▲▲▲

सामान्य गिनती

1	11	21	31	41	51	61	71	81	91
2	12	22	32	42	52	62	72	82	92
3	13	23	33	43	53	63	73	83	93
4	14	24	34	44	54	64	74	84	94
5	15	25	35	45	55	65	75	85	95
6	16	26	36	46	56	66	76	86	96
7	17	27	37	47	57	67	77	87	97
8	18	28	38	48	58	68	78	88	98
9	19	29	39	49	59	69	79	89	99
10	20	30	40	50	60	70	80	90	100

गिनती के मध्य से अंकों में अंतर

1	-	3	-	5	-	7	-	9	-
-	2	-	4	-	6	-	8	-	10
11	-	13	-	15	-	17	-	19	-
-	12	-	14	-	16	-	18	-	20
21	-	23	-	25	-	27	-	29	-
-	32	-	34	-	36	-	38	-	40
41	-	43	-	45	-	47	-	49	-
51	52	-	54	-	56	-	58	-	60
-	62	-	64	-	66	-	68	-	70
-	-	73	-	-	76	-	78	-	-
81	-	-	84	-	-	87	-	-	-
91	-	93	-	-	96	-	-	-	100

उल्टी गिनती

100	90	80	70	60	50	40	30	20	10
99	89	79	69	59	49	39	29	19	9
98	88	78	68	58	48	38	28	18	8
97	87	77	67	57	47	37	27	17	7
96	86	76	66	56	46	36	26	16	6
95	85	75	65	55	45	35	25	15	5
94	84	74	64	54	44	34	24	14	4
93	83	73	63	53	43	33	23	13	3
92	82	72	62	52	42	32	22	12	2
91	81	71	61	51	41	31	21	11	1

उल्टी गिनती के मध्य से अंकों में अंतर

100	90	80	-	60	50	-	30	20	-
-	89	-	69	59	-	39	-	19	9
98	-	78	-	-	48	-	28	-	8
-	87	-	67	57	-	37	-	17	-
96	-	76	-	-	46	-	26	-	6
-	85	-	65	55	-	35	-	15	-
94	-	74	-	54	44	-	24	-	4
-	83	-	63	-	43	33	-	13	3
92	-	72	62	52	-	32	22	-	2
91	-	71	-	51	41	-	-	11	1

हिन्दी की गिनती १ से ५० तक

आँग्ल भाषा	हिन्दी के अंक	हिन्दी के अंक शब्दों में		आँग्ल भाषा	हिन्दी के अंक	हिन्दी के अंक शब्दों में
1	१	एक		26	२६	छब्बीस
2	२	दो		27	२७	सत्ताईस
3	३	तीन		28	२८	अट्ठाईस
4	४	चार		29	२९	उनतीस
5	५	पाँच		30	३०	तीस
6	६	छः		31	३१	इकतीस
7	७	सात		32	३२	बत्तीस
8	८	आठ		33	३३	तैंतीस
9	९	नौ		34	३४	चौतीस
10	१०	दस		35	३५	पैंतीस
11	११	ग्यारह		36	३६	छत्तीस
12	१२	बारह		37	३७	सैंतीस
13	१३	तेरह		38	३८	अड़तीस
14	१४	चौदह		39	३९	उनतालीस
15	१५	पंद्रह		40	४०	चालीस
16	१६	सोलह		41	४१	इकतालीस
17	१७	सत्रह		42	४२	बयालीस
18	१८	अट्ठारह		43	४३	तैंतालीस
19	१९	उन्नीस		44	४४	चवालीस
20	२०	बीस		45	४५	पैंतालीस
21	२१	इक्कीस		46	४६	छियालीस
22	२२	बाईस		47	४७	सैंतालीस
23	२३	तेईस		48	४८	अड़तालीस
24	२४	चौबीस		49	४९	उनचास
25	२५	पच्चीस		50	५०	पचास

हिन्दी की गिनती ५१ से १०० तक

आँग्ल भाषा	हिन्दी के अंक	हिन्दी के अंक शब्दों में
51	५१	इक्यावन
52	५२	बावन
53	५३	तिरेपन
54	५ ४	चौवन
55	५५	पचपन
56	५६	छप्पन
57	५७	सत्तावन
58	५८	अट्ठावन
59	५९	उनसठ
60	६०	साठ
61	६१	इकसठ
62	६२	बासठ
63	६३	तिरेसठ
64	६४	चौंसठ
65	६५	पैंसठ
66	६६	छियासठ
67	६७	सड़सठ
68	६८	अड़सठ
69	६९	उनहत्तर
70	७०	सत्तर
71	७१	इकहत्तर
72	७२	बहत्तर
73	७३	तिहत्तर
74	७४	चौहत्तर
75	७५	पचहत्तर

आँग्ल भाषा	हिन्दी के अंक	हिन्दी के अंक शब्दों में
76	७६	छिहत्तर
77	७७	सतहत्तर
88	७८	अठहत्तर
79	७९	उन्यासी
80	८०	अस्सी
81	८१	इक्यासी
82	८२	बयासी
83	८३	तेरासी
84	८४	चौरासी
85	८५	पचासी
86	८६	छियासी
87	८७	सतासी
88	८८	अठासी
89	८९	नवासी
90	९०	नब्बे
91	९१	इक्यानवे
92	९२	बानवे
93	९३	तेरानवे
94	९४	चौरानवे
95	९५	पंचानवे
96	९६	छियानवे
97	९७	सत्तानवे
98	९८	अट्ठानवे
99	९९	निन्यानवे
100	१००	सौ

हिन्दी की गिनती का स्वयं से करें अभ्यास

आँग्ल भाषा	हिन्दी के अंक	हिन्दी के अंक शब्दों में
1		
2		
3		
4		
5		
6		
7		
8		
9		
10		
11		
12		
13		
14		
15		
16		
17		
18		
19		
20		
21		
22		
23		
24		
25		

हिन्दी की गिनती का स्वयं से करें अभ्यास

आँग्ल भाषा	हिन्दी के अंक	हिन्दी के अंक शब्दों में
26		
27		
28		
29		
30		
31		
32		
33		
34		
35		
36		
37		
38		
39		
40		
41		
42		
43		
44		
45		
46		
47		
48		
49		
50		

हिन्दी की गिनती का स्वयं से करें अभ्यास

आँग्ल भाषा	हिन्दी के अंक	हिन्दी के अंक शब्दों में
51		
52		
53		
54		
55		
56		
57		
58		
59		
60		
61		
62		
63		
64		
65		
66		
67		
68		
69		
70		
71		
72		
73		
74		
75		

हिन्दी की गिनती का स्वयं से करें अभ्यास

आँग्ल भाषा	हिन्दी के अंक	हिन्दी के अंक शब्दों में
76		
77		
88		
79		
80		
81		
82		
83		
84		
85		
86		
87		
88		
89		
90		
91		
92		
93		
94		
95		
96		
97		
98		
99		
100		

अंकों की गिनती : इकाई, दहाई, सैकड़ा, हजार, दस हजार, लाख, दस लाख, करोड़, दस करोड़, अरब, दस अरब, शंख, दस शंख, पदम्, दस पदम् आदि की पहचान कैसे करें ?

अंकों का जातीय मान

किसी संख्या में किसी अंक का जातीय मान स्वयं वही अंक होता है। और उसी अंक को जातीय मान कहते हैं। जैसे → 1, 2, 5, 4, 3 की एक संख्या में।

- 1 का जातीय मान 1 होगा
- 2 का जातीय मान 2 होगा
- 5 का जातीय मान 5 होगा
- 4 का जातीय मान 4 होगा
- 3 का जातीय मान 3 होगा

अंकों का स्थानीय मान

किसी संख्या का स्थानीय मान निकालने के लिए यह पता करना होता है, कि वह अंक किस स्थान पर है, यानी उस संख्या का स्थान अंकों के क्रम में कितने स्थान पर है, जैसे वह अंक का क्रम इकाई है, दहाई है, सैंकड़ा है या हजार है, और उसी अंक सहित मान ही स्थानीय मान होता है।

किसी दी गई संख्या में -

- इकाई अंक का स्थानीय मान = इकाई अंक × 1
- दहाई अंक का स्थानीय मान = दहाई अंक × 10
- सैकड़े के अंक का स्थानीय मान = सैकड़े का अंक × 100
- हजार के अंक का स्थानीय मान = हजार का अंक × 1000
- दस हजार के अंक का स्थानीय मान = दस हजार का अंक × 10000

उसी प्रकार इन सभी का स्थानीय मान निम्न प्रकार होगा...

- **1,234** – यहाँ 4 इकाई अंक है और इसका स्थानीय मान 4 है।
- **1,234** – यहाँ 3 दहाई अंक है और इसका स्थानीय मान 30 है।
- **1,234** – यहाँ 2 सैंकड़ा अंक है और इसका स्थानीय मान 200 है।
- **1,234** – यहाँ 1 हजार अंक है और इसका स्थानीय मान 1000 है।
- **91,641** – यहाँ 9 दस हजार अंक है और इसका स्थानीय मान 90,000 है।
- **8,91,976** – यहाँ 8 लाख अंक के स्थान पर है और इसका स्थानीय मान 800,000 है।
- **7,891,348** – यहाँ 7 मिलियन (दस लाख) अंक के स्थान पर है और इसका स्थानीय मान 7000,000 है।
- **57,891,448** – यहाँ 5 करोड़ (दस मिलियन) अंक के स्थान पर है और इसका स्थानीय मान 50,000,000 है।

संख्याओं को गिनते समय हम इकाई, दहाई, सैंकड़ा, हजार, दस हजार, लाख, दस लाख, करोड़, दस करोड़ के क्रम में आगे बढ़ते हैं।

उदाहरण से समझते हैं :

- इकाई 1. (इकाई अंक अकेला जैसे - 1, 5, 2, 6, 7, 4)
- दहाई 10. (दहाई में दो अंक जैसे - 25, 45, 12, 48)
- सैकड़ा 100. (सैकड़ा में तीन अंक जैसे - 125, 545, 612, 848)
- हजार 1000. (हजार में चार अंक जैसे - 5200, 3652, 4125, 7548)
- दस हजार 10000. (दस हजार में पाँच अंक जैसे - 10425, 10248, 10635)
- लाख 100000. (लाख में छ: अंक जैसे - 201542, 412575, 624571)
- दस लाख 1000000. (दस लाख में सात अंक जैसे - 1042576, 1034975, 1047586)
- करोड़ 10000000. (करोड़ में आठ अंक जैसे - 21405475, 64215783, 79642735)

इसी प्रकार संख्याओं को गिनते समय क्रम में

इकाई	One	1
दहाई	Ten	10
सैंकड़ा	Hundred	100
हजार	One Thousand	1000
दस हजार	Ten Thousand	10000
लाख	Hundred Thousand	1,00,000
दस लाख	One Million	10,00,000
करोड़	Ten Million	1,00,00,000
दस करोड़	Hundred Million	10,00,00,000
अरब	One Billion	1,00,00,00,000
दस अरब	Ten Billion	10,00,00,00,000
खरब	Hundred Billion	1,00,00,00,00,000
दस खरब	One Trillion	10,00,00,00,00,000
नील	Ten Trillion	1,00,00,00,00,00,000
दस नील	Hundred Trillion	10,00,00,00,00,00,000
पद्म	One Quadrillion	1,00,00,00,00,00,00,000
दस पद्म	Ten Quadrillion	10,00,00,00,00,00,00,000
शंख	Hundred Quadrillion	1,00,00,00,00,00,00,00,000
दस शंख	One Quintillion	10,00,00,00,00,00,00,00,000

आपकी सुविधा के लिए यहाँ गणित में प्रयोग होने वाले महत्त्वपूर्ण गणित के चिन्हों को दिया गया है। आप उनके चिन्ह अर्थ सहित समझ सकते हैं।

गणित के सवाल आप तभी सही हल कर सकते हैं, जबकि गणितीय चिन्हों को आप अच्छी तरह जानते हो। इसके जाने बिना गणित का सवाल हल नहीं हो सकता है।

1	+	=	जोड़ [Addition]
2	x	=	गुणा [Multiplication]
3	÷	=	भाग [Devision]
4	—	=	घटाव [Subtraction]
5	%	=	प्रतिशत [Percentage]
6	∵	=	चूंकि [Since]
7	( )	=	छोटा कोष्टक [Small Bracket Or Parenthesis]
8	{ }	=	मझला कोष्टक [Braces]
9	[ ]	=	बड़ा कोष्टक [Square Bracket]
10	°	=	अंश [Degree]
11	=	=	बराबर [Equal]
12	'	=	मिनट [Minute]
13	"	=	सेकंड [Second]
14	≠	=	बराबर नहीं है [Not Equal]
15	√	=	वर्गमूल [Square Root]
16	?	=	प्रश्न वाचक [Question Mark]
17	>	=	से बड़ा [Greater Than]
18	<	=	से छोटा [Less Than]
19	∴	=	इसलिए [Hence]
20	Δ	=	त्रिभुज [Triangle]
21	:	=	अनुपात [Ratio]
22	∠	=	कोण [Angle]
23	□	=	वर्ग [Square]

गणित एक ऐसा विषय है, जिसका जितना अधिक अभ्यास करते हैं यह उतना ही आसान लगता है। गणित सभी अध्यायों के अंत में कुछ सरल अभ्यास के लिए प्रश्न दिए गए हैं, जिनका हल भी बताया गया है, जब आप गणित के इन अध्यायों को पढ़ते हैं तो पहले उस पाठ को अच्छे से पढ़ें और समझ लें, फिर जो सवाल दिए गए हैं उन्हें हल करने का प्रयास करें। आखिर वे किस तरह से हल किए गए हैं। इस पूरी पद्धति को अच्छे तरीके से समझने की कोशिश करें और यदि एक बार आपको उस पाठ के प्रश्न समझ जाते हैं, तो फिर उससे जुड़े हुए चाहे कैसे भी गणित के प्रश्न हों, आप आसानी से हल कर सकते हैं।

गणित अभ्यास का विषय है, जिसके लिए हमें निरंतर अभ्यास करने की जरूरत होती है यानी देखा जाए तो विद्यार्थी जितना अधिक अभ्यास करता है उसकी गणित के प्रश्नों को हल करने की प्रवृत्ति उतनी ही तेजी से बढ़ती जाती है। अतः गणित के जिस पाठ को आपने पढ़ लिया है, उससे संबंधित जितने अधिक से अधिक सवाल मिलें, उन्हें फटाफट हल करने का अभ्यास करें।

1. अंकों का जोड़ : निशान (+) के साथ प्रयोग : दोनों संख्या में यदि चिन्ह एक सामान हों तो संख्या जोड़ का रूप लेती है और चिन्ह वही रहता है। यदि संख्या में चिन्ह अलग-अलग हों तो वह संख्या घट जाती है, और शेष संख्या बची हुई संख्या में चिन्ह बड़ी संख्या का चिन्ह होगा।

1 + 1 = 2	**2 + 1 = 3**	**3 + 1 = 4**
1 + 2 = 3	**2 + 2 = 4**	**3 + 2 = 5**
1 + 3 = 4	**2 + 3 = 5**	**3 + 3 = 6**
1 + 4 = 5	**2 + 4 = 6**	**3 + 4 = 7**
1 + 5 = 6	**2 + 5 = 7**	**3 + 5 = 8**
1 + 6 = 7	**2 + 6 = 8**	**3 + 6 = 9**
1 + 7 = 8	**2 + 7 = 9**	**3 + 7 = 10**
1 + 8 = 9	**2 + 8 = 10**	**3 + 8 = 11**
1 + 9 = 10	**2 + 9 = 11**	**3 + 9 = 12**

एक अंक के लिए जोड़ना

5 + 4 = 9	0 + 3 = ………..
2 + 7 = ……….	8 + 2 = ……….
3 + 2 = ……….	6 + 1 = ……….
2 + 9 = ……….	8 + 4 = ……….
3 + 9 = ……….	7 + 2 = ……….

5 |||||
+ 3 |||
[ ]

6 ||||| |
+ 4 ||||
[ ]

6
+ 3
[ ]

0
+ 8
[ ]

5
+ 4
[ ]

5
+ 1
[ ]

2
+ 8
[ ]

7
+ 2
[ ]

9	+	1	=	10	2	+	0	=	2
2	+	6	=	……..	5	+	1	=	……..
7	+	9	=	……..	4	+	3	=	……..
4	+	9	=	……..	7	+	2	=	……..
5	+	3	=	……..	6	+	2	=	……..
6	+	4	=	……..	7	+	3	=	……..
3	+	7	=	……..	3	+	4	=	……..
8	+	1	=	……..	9	+	0	=	……..
1	+	3	=	……..	3	+	3	=	……..
7	+	1	=	……..	8	+	2	=	……..
8	+	5	=	……..	5	+	3	=	……..
9	+	3	=	……..	0	+	4	=	……..
2	+	4	=	……..	5	+	5	=	……..
1	+	1	=	……..	2	+	1	=	……..
8	+	0	=	……..	7	+	5	=	……..
6	+	7	=	……..	2	+	3	=	……..
5	+	4	=	……..	2	+	7	=	……..
3	+	5	=	……..	2	+	9	=	……..
4	+	1	=	……..	3	+	2	=	……..
8	+	7	=	……..	8	+	4	=	……..

7	+	3	=	……..	8	+	9	=	……..
1	+	3	=	……..	5	+	7	=	……..
7	+	1	=	……..	8	+	6	=	……..
8	+	8	=	……..	5	+	8	=	……..
9	+	9	=	……..	3	+	8	=	……..
4	+	4	=	……..	5	+	9	=	……..

दो अंक के लिए जोड़ना

12 + 27 = 39

33 + 21 = ………..

25 + 15 = ………..

22 + 28 = ………..

43 + 51 = ………..

17 + 22 = ………..

66 + 11 = ………..

91 + 02 = ………..

77 + 10 = ………..

36 + 15 = ………..

12 ||||| ||||| ||
+ 10 ||||| |||||

[ ]

14 ||||| ||||| ||||
+ 13 ||||| ||||| |||

[ ]

11 + 14 [25]	17 + 12 [ ]	19 + 21 [ ]
31 + 13 [ ]	77 + 11 [ ]	89 + 10 [ ]
18 + 12 [ ]	66 + 13 [ ]	29 + 31 [ ]
19 + 10 [ ]	36 + 12 [ ]	27 + 13 [ ]
17 + 12 [ ]	56 + 13 [ ]	19 + 31 [ ]
29 + 10 [ ]	35 + 12 [ ]	72 + 13 [ ]

इसी प्रकार दो अंक के लिए -

दहाई T	इकाई O
8	1
+ 1	2
9	3

दहाई T	इकाई O
2	3
+ 2	1
4	4

दहाई T	इकाई O
4	0
+ 2	2

दहाई T	इकाई O
1	2
+ 2	2

दहाई T	इकाई O
5	5
+ 2	5

दहाई T	इकाई O
2	8
+ 2	0

दहाई T	इकाई O
0	0
+ 2	2

दहाई T	इकाई O
3	2
+ 1	2

दहाई T	इकाई O
1	7
+ 1	2

दहाई T	इकाई O
3	2
+ 2	1

दहाई T	इकाई O
0	8
+ 2	2

दहाई T	इकाई O
8	8
+ 1	1

दहाई	इकाई	दहाई	इकाई	दहाई	इकाई	दहाई	इकाई
T	O	T	O	T	O	T	O
8	1	3	6	5	4	9	8
+ 1	2	+ 2	1	+ 2	2	+ 0	2

दहाई	इकाई	दहाई	इकाई	दहाई	इकाई	दहाई	इकाई
T	O	T	O	T	O	T	O
5	6	5	3	3	2	7	2
+ 1	6	+ 5	2	+ 2	1	+ 1	5

तीन अंक के लिए जोड़ना

101 + 120 = 221	177 + 212 = ...
121 + 127 = ...	171 + 213 = ...
133 + 121 = ...	626 + 131 = ...
251 + 150 = ...	811 + 102 = ...
111 + 888 = ...	117 + 212 = ...
123 + 128 = ...	170 + 112 = ...
103 + 822 = ...	323 + 331 = ...
250 + 151 = ...	713 + 105 = ...

115 𝍸 𝍸 IIIII IIIII IIIII	205 𝍸 𝍸 𝍸 𝍸 IIIII
+ 105 𝍸 𝍸 IIIII	+ 103 𝍸 𝍸 III
[ ]	[ ]

* 𝍸 = 50

इसी प्रकार तीन अंक के लिए

111 + 114 225	217 + 112 [ ]	191 + 211 [ ]
311 + 117 [ ]	623 + 112 [ ]	393 + 201 [ ]
211 + 112 [ ]	123 + 115 [ ]	193 + 205 [ ]

इसी प्रकार तीन अंक के लिए

सैंकड़ा दहाई इकाई		
H	T	O
4	8	1
+ 2	1	2
6	9	3

सैंकड़ा दहाई इकाई		
H	T	O
1	2	3
+ 3	2	1

सैंकड़ा दहाई इकाई		
H	T	O
7	4	0
+ 1	9	2

सैंकड़ा दहाई इकाई		
H	T	O
6	3	1
+ 3	1	2

सैंकड़ा दहाई इकाई		
H	T	O
3	2	3
+ 6	2	1

सैंकड़ा दहाई इकाई		
H	T	O
2	0	0
+ 1	2	2

सैंकड़ा दहाई इकाई		
H	T	O
4	1	7
+ 2	1	2

सैंकड़ा दहाई इकाई		
H	T	O
4	3	2
+ 4	4	1

सैंकड़ा दहाई इकाई		
H	T	O
1	0	8
+ 6	3	2

सैंकड़ा दहाई इकाई		
H	T	O
3	3	1
+ 4	1	2

सैंकड़ा दहाई इकाई		
H	T	O
5	1	6
+ 3	2	1

सैंकड़ा दहाई इकाई		
H	T	O
1	0	0
+ 7	1	2

सैंकड़ा दहाई इकाई			
	H	T	O
	2	7	1
+	2	1	6

सैंकड़ा दहाई इकाई			
	H	T	O
	1	4	3
+	3	5	2

सैंकड़ा दहाई इकाई			
	H	T	O
	1	3	1
+	5	2	1

और भी अभ्यास इस तरह जोड़ना

सैंकड़ा दहाई इकाई			
	H	T	O
	3	4	1
	1	0	0
+	2	1	2

सैंकड़ा दहाई इकाई			
	H	T	O
	1	2	3
	1	3	4
+	3	2	1

सैंकड़ा दहाई इकाई			
	H	T	O
	7	1	4
	2	3	1
+	1	9	2

सैंकड़ा दहाई इकाई			
	H	T	O
	7	3	1
	1	2	3
+	1	1	2

सैंकड़ा दहाई इकाई			
	H	T	O
	1	2	8
	1	6	1
+	6	2	0

सैंकड़ा दहाई इकाई			
	H	T	O
	2	3	3
	4	1	1
+	2	2	2

	सैंकड़ा	दहाई	इकाई
	H	T	O
	4	1	7
	3	1	0
+	2	1	2

	सैंकड़ा	दहाई	इकाई
	H	T	O
	4	3	2
	1	3	3
+	3	2	1

	सैंकड़ा	दहाई	इकाई
	H	T	O
	1	0	8
	1	0	1
+	2	2	2

	सैंकड़ा	दहाई	इकाई
	H	T	O
	4	8	1
	1	1	1
+	4	1	2

	सैंकड़ा	दहाई	इकाई
	H	T	O
	5	1	6
	1	2	2
+	2	2	1

	सैंकड़ा	दहाई	इकाई
	H	T	O
	1	0	0
	3	2	1
+	4	1	0

	सैंकड़ा	दहाई	इकाई
	H	T	O
	1	4	8
	3	1	1
+	2	1	2

	सैंकड़ा	दहाई	इकाई
	H	T	O
	1	1	6
	3	2	2
+	4	1	1

	सैंकड़ा	दहाई	इकाई
	H	T	O
	3	0	0
	2	2	1
+	1	2	2

जोड़ने के लिए उदाहरण के रूप में मिलाएँ

4 + 2		3 + 1
6 + 1		9 + 8
8 + 9		2 + 5
1 + 3		2 + 4
9 + 4		1 + 6
5 + 2		4 + 9
0 + 9		1 + 2
2 + 1		9 + 0

अभ्यास के रूप में कुछ सवाल

1. मोहन के पास पाँच रुपए थे और उसकी मम्मी ने दो रुपए और दे दिए, अब मोहन के पास कितने रुपए हैं ?
2. जय दस रुपए लेकर घर गया। जय को पाँच रुपए पापा ने और उसके भाई ने दस रुपए दिए, जय के पास अब कितने रुपए हो गए हैं ?
3. विवेक ने चार दोस्तों से साथ मिल कर क्रमशः पाँच, चार, आठ और दो रुपए लिए, अब उसके पास कुल कितने रुपए हैं ?

2 . घटाना निशान (-) के साथ प्रयोग :

संख्या में चिन्ह अलग-अलग हो तभी संख्या घटेगी

1 - 1 = 0	2 - 2 = 0	3 - 3 = 0
2 - 1 = 1	3 - 2 = 1	4 - 3 = 1
3 - 1 = 2	4 - 2 = 2	5 - 3 = 2
4 - 1 = 3	5 - 2 = 3	6 - 3 = 3
5 - 1 = 4	6 - 2 = 4	7 - 3 = 4
6 - 1 = 5	7 - 2 = 5	8 - 3 = 5
7 - 1 = 6	8 - 2 = 6	9 - 3 = 6
8 - 1 = 7	9 - 2 = 7	10 - 3 = 7
9 - 1 = 8	10 - 2 = 8	11 - 3 = 8
10 - 1 = 9	11 - 2 = 9	12 - 3 = 9

एक अंक के लिए घटाना

5 - 1 = 4	3 - 0 = ...
7 - 7 = ...	8 - 3 = ...
6 - 2 = ...	8 - 4 = ...
4 - 3 = ...	9 - 9 = ...

9										8								
- 3 |||	- 2 ||
[ ]	[ ]

6	8	9
- 3	- 5	- 4
☐	☐	☐
4	7	2
- 4	- 0	- 1
☐	☐	☐
6	8	9
- 1	- 3	- 5
☐	☐	☐

दो अंक के लिए घटाना

22 - 22 = 0	77 - 25 = ...
33 - 21 = ...	66 - 11 = ...
25 - 15 = ...	91 - 71 = ...
72 - 20 = ...	79 - 26 = ...
43 - 13 = ...	68 - 31 = ...
55 - 15 = ...	99 - 73 = ...
12 - 10 = ...	19 - 16 = ...
13 - 13 = ...	18 - 13 = ...
15 - 15 = ...	79 - 73 = ...

55 卌 ||||
- 21 |||| |||| |||| |||| |

66 卌 |||| |||| |||| |
- 54 卌 ||||

* 卌 = 50

14
- 12
2

17
- 10

12
- 11

84
- 42

77
- 16

82
- 31

91
- 50

67
- 66

72
- 42

इसी प्रकार दो अंक के लिए घटाना

दहाई इकाई	दहाई इकाई	दहाई इकाई	दहाई इकाई
T O	T O	T O	T O
8 5	2 3	4 6	8 2
- 1 2	- 2 1	- 3 2	- 5 1
7 3			

दहाई इकाई	दहाई इकाई	दहाई इकाई	दहाई इकाई
T O	T O	T O	T O
3 2	2 8	9 9	8 9
- 1 0	- 2 0	- 6 7	- 6 5

दहाई इकाई	दहाई इकाई	दहाई इकाई	दहाई इकाई
T O	T O	T O	T O
7 7	3 2	8 8	6 8
- 7 2	- 2 1	- 5 3	- 5 1

दहाई	इकाई	दहाई	इकाई	दहाई	इकाई	दहाई	इकाई
T	O	T	O	T	O	T	O
8	1	6	3	5	4	9	8
- 7	0	- 6	1	- 4	3	- 8	8

दहाई	इकाई	दहाई	इकाई	दहाई	इकाई	दहाई	इकाई
T	O	T	O	T	O	T	O
5	6	5	3	3	3	7	2
- 1	6	- 5	3	- 2	3	- 6	1

तीन अंकों के लिए घटाना

882 - 272 = 610   777 - 255 = ...

233 - 212 = ...   466 - 251 = ...

285 - 165 = ...   971 - 971 = ...

752 - 252 = ...   323 - 222 = ...

333 - 111 = ...   566 - 151 = ...

इसी प्रकार तीन अंकों में घटाना -

112 卌 卌 ||||| ||||| ||	254 卌 卌 卌 卌 卌 ||||
- 102 卌 卌 ||	-113 卌 卌 ||||| ||||| |||
[ ]	[ ]

* 卌 = 50

124	217	312
- 114	- 110	- 111
10		
424	781	622
- 314	- 110	- 210
523	121	122
- 203	- 120	- 110

इसी प्रकार तीन अंकों में घटाना -

सैंकड़ा H	दहाई T	इकाई O
8	8	1
- 2	1	1
2	7	0

सैंकड़ा H	दहाई T	इकाई O
3	2	3
- 1	2	1

सैंकड़ा H	दहाई T	इकाई O
7	4	4
- 1	2	2

सैंकड़ा H	दहाई T	इकाई O
6	3	2
- 1	1	2

सैंकड़ा H	दहाई T	इकाई O
7	2	8
- 6	2	0

सैंकड़ा H	दहाई T	इकाई O
2	2	2
- 2	0	2

सैंकड़ा H	दहाई T	इकाई O
4	1	7
- 2	1	2

सैंकड़ा H	दहाई T	इकाई O
4	3	2
- 3	2	1

सैंकड़ा H	दहाई T	इकाई O
2	2	2
- 1	2	2

सैंकड़ा H	दहाई T	इकाई O
4	8	5
- 4	1	2

सैंकड़ा H	दहाई T	इकाई O
5	3	6
- 3	2	1

सैंकड़ा H	दहाई T	इकाई O
8	5	4
- 2	2	2

सैंकड़ा H	दहाई T	इकाई O
6	5	6
- 2	1	6

सैंकड़ा H	दहाई T	इकाई O
4	5	3
- 3	5	2

सैंकड़ा H	दहाई T	इकाई O
8	3	2
- 5	2	1

सैंकड़ा H	दहाई T	इकाई O
1	2	3
- 1	1	0

सैंकड़ा H	दहाई T	इकाई O
4	4	2
- 3	3	1

सैंकड़ा H	दहाई T	इकाई O
7	6	6
- 4	2	1

घटाने के लिए अभ्यास के रूप में मिलाएँ

4 - 2		8 - 7
5 - 0		8 - 4
2 - 2		7 - 0
5 - 2		8 - 3
6 - 2		6 - 4
9 - 2		9 - 9
8 - 3		6 - 3
6 - 5		6 - 1

उदाहरण के रूप में कुछ सवाल

1. हरि के पास दस रुपए थे, वह तीन रुपए में दुकान से एक पेन खरीद लेता है अब हरी के पास कितने रुपए शेष बचे हैं ?

2. एक बच्चा मम्मी से बीस रुपए लेकर स्कूल जाता है और स्कूल में अलग-अलग पाँच रुपए और दस रुपए खर्च हो जाते हैं; बच्चा मम्मी को कितने रुपए वापस देगा ?

3. वंशिका ने बाजार से बीस पेन्सिल लाती है, वह स्कूल में पाँच पेन्सिल साथियों को देती है और दो पेन्सिल घर आकर छोटे भाई को देती है, अब उसके पास कितनी पेन्सिल बची हैं ?

3. अंकों का गुणा निशान (X) का प्रयोग :

1 X 1 = 1	2 X 1 = 2	3 X 1 = 3
1 X 2 = 2	2 X 2 = 4	3 X 2 = 6
1 X 3 = 3	2 X 3 = 6	3 X 3 = 9
1 X 4 = 4	2 X 4 = 8	3 X 4 = 12
1 X 5 = 5	2 X 5 = 10	3 X 5 = 15
1 X 6 = 6	2 X 6 = 12	3 X 6 = 18
1 X 7 = 7	2 X 7 = 14	3 X 7 = 21
1 X 8 = 8	2 X 8 = 16	3 X 8 = 24
1 X 9 = 9	2 X 9 = 18	3 X 9 = 27
1 X 10 = 10	2 X 10 = 20	3 X 10 = 30

गुणा करने के लिए

1 X 8 = 8	2 X 10 = ...
3 X 10 = ...	4 X 10 = ...
2 X 11 = ...	5 X 11 = ...
7 X 10 = ...	9 X 10 = ...

अभ्यास के रूप में भी गुणा करने के तरीके

4 ||||	5 |||||
x 3 |||	x 2 ||
[ ]	[ ]

1 X 2 [2]	5 X 3 [ ]	2 X 6 [ ]
5 X 8 [ ]	9 X 3 [ ]	4 X 5 [ ]
4 X 6 [ ]	5 X 4 [ ]	10 X 5 [ ]
15 X 22 [ ]	14 X 13 [ ]	10 X 15 [ ]
11 X 10 [ ]	17 X 12 [ ]	24 X 32 [ ]

12 IIIII IIIII II X 3 III [ ]	15 IIIII IIIII IIIII X 4 IIII [ ]

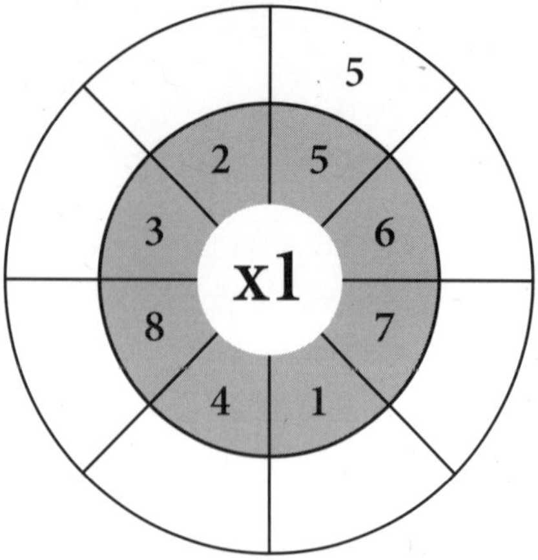
x1
5
2
5
3
6
8
7
4
1

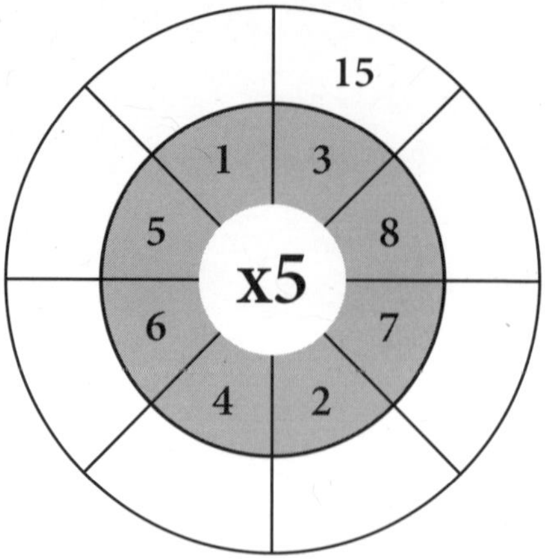
x5
15
1
3
5
8
6
7
4
2

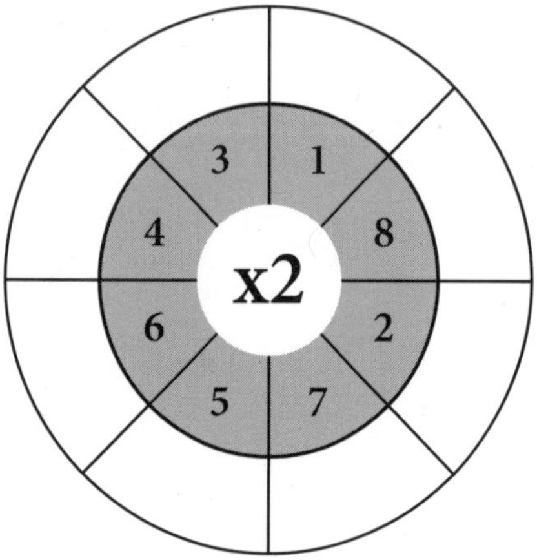
x2
3
1
4
8
6
2
5
7

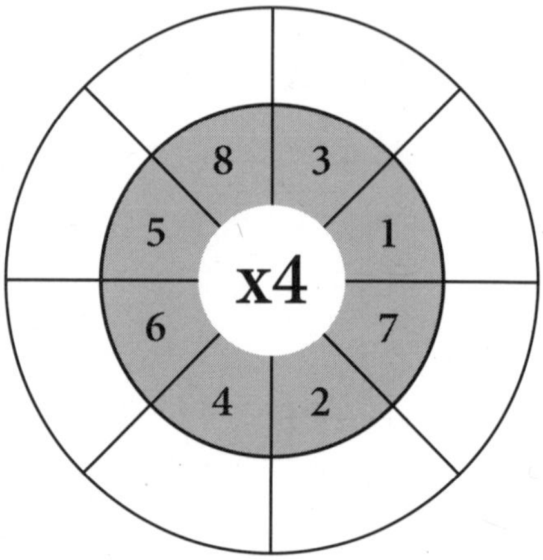
x4
8
3
5
1
6
7
4
2

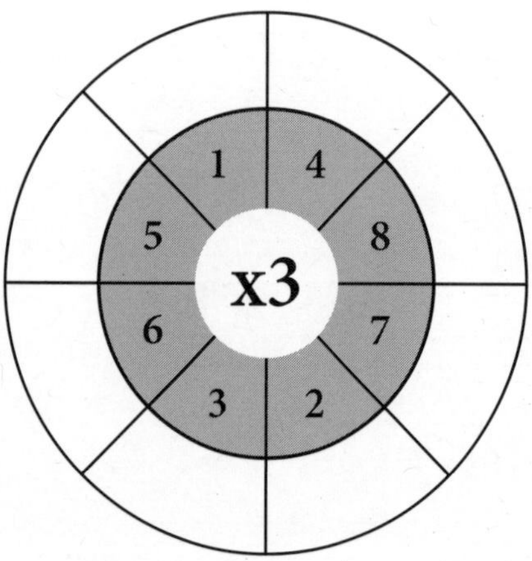
x3
1
4
5
8
6
7
3
2

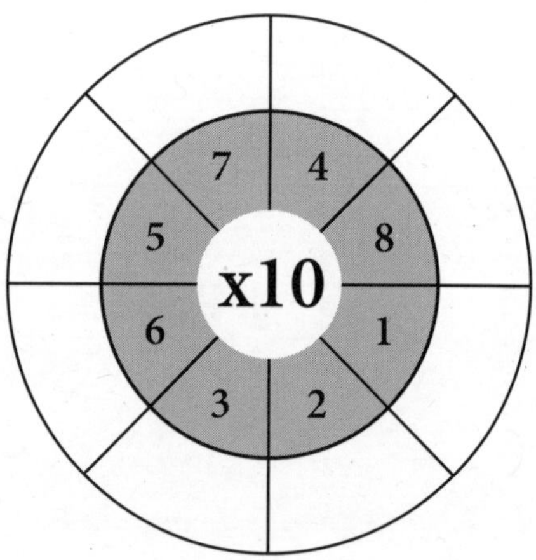
x10
7
4
5
8
6
1
3
2

4. भाग निशान (÷) के प्रयोग :

1 ÷ 1 या (1/1) = 1	2 ÷ 2 = 1	3 ÷ 3 = 3
2 ÷ 1 या (2/1) = 2	4 ÷ 2 = 2	6 ÷ 3 = 2
3 ÷ 1 या (3/1) = 3	6 ÷ 2 = 3	9 ÷ 3 = 3
4 ÷ 1 या (4/1) = 4	8 ÷ 2 = 4	12 ÷ 3 = 4
5 ÷ 1 या (5/1) = 5	10 ÷ 2 = 5	15 ÷ 3 = 5
6 ÷ 1 या (6/1) = 6	12 ÷ 2 = 6	18 ÷ 3 = 6
7 ÷ 1 या (7/1) = 7	14 ÷ 2 = 7	21 ÷ 3 = 7
8 ÷ 1 या (8/1) = 8	16 ÷ 2 = 8	24 ÷ 3 = 8
9 ÷ 1 या (9/1) = 9	18 ÷ 2 = 9	27 ÷ 3 = 9
10 ÷ 1 या (10/1) = 10	20 ÷ 2 = 10	30 ÷ 3 = 10

9	÷	1	=	9	2	÷	1	=	2
6	÷	2	=	……..	10	÷	5	=	……..
8	÷	2	=	……..	8	÷	8	=	……..
4	÷	2	=	……..	10	÷	2	=	……..
24	÷	3	=	……..	6	÷	6	=	……..
6	÷	4	=	……..	11	÷	1	=	……..
7	÷	7	=	……..	3	÷	3	=	……..
8	÷	4	=	……..	18	÷	9	=	……..
9	÷	3	=	……..	5	÷	5	=	……..
2	÷	1	=	……..	8	÷	2	=	……..
8	÷	2	=	……..	5	÷	1	=	……..
9	÷	9	=	……..	14	÷	7	=	……..
4	÷	4	=	……..	10	÷	5	=	……..

भाग के लिए अभ्यास

1.	10	÷	1	=	10	15.	22	÷	11	=	2
2.	96	÷	12	=	.....	16.	48	÷	12	=	.....
3.	110	÷	11	=	.....	17.	30	÷	3	=	.....
4.	54	÷	6	=	.....	18.	36	÷	6	=	.....
5.	56	÷	8	=	.....	19.	30	÷	10	=	.....
6.	70	÷	7	=	.....	20.	27	÷	3	=	.....
7.	108	÷	12	=	.....	21.	60	÷	12	=	.....
8.	3	÷	3	=	.....	22.	5	÷	5	=	.....
9.	35	÷	7	=	.....	23.	10	÷	10	=	.....
10.	20	÷	4	=	.....	24.	80	÷	10	=	.....
11.	60	÷	6	=	.....	25.	28	÷	7	=	.....
12.	18	÷	3	=	.....	26.	27	÷	9	=	.....
13.	50	÷	10	=	.....	27.	26	÷	13	=	.....
14.	2	÷	2	=	.....	28.	28	÷	4	=	.....

7)28 या 28/7 = 4

7)27 या 27/7 = 3

4)40 या 40/4 = ...

5)25 या 25/5 = ...

5)90 या 90/5 =.......

12)48 या 48/12 = ...

9)36 या 36/9 = ...

3)21 या 21/3 = ...

3)18 या 18/3 = ...

7)14 या 14/7 = ...

5)45 या 28/3 = ...

5)20 या 20/5 = ...

8)64 या 64/8 = ...

9)81 या 81/9 = ...

भाग (÷) में चिन्हों ऋण और धन का प्रयोग

चिन्ह	अंक	भाग	चिन्ह	अंक	चिन्ह में भाग		शेष चिन्ह	शेष अंक
	2	÷		2	(+ ÷ +)	=		1
-	2	÷		2	(- ÷ +)	=	-	1
	2	÷	-	2	(+ ÷ -)	=	-	1
-	2	÷	-	2	(- ÷ -)	=		1

जोड़ और घटाना की पद्धतियों के लिए सावधानी पूर्वक चिन्हों का प्रयोग : कुछ महत्त्वपूर्ण पद्धतियाँ जोड़, घटाने, भाग और गुणा करने के लिए उपयोगी हैं। गणित के नियम के आधार पर यदि चिन्हों का अभ्यास कराया जाए, जिसमें अक्सर बच्चे गलती करते हैं, तो इन त्रुटियों में सुधार किया जा सकता है।

दो संख्याओं के चिन्ह अलग-अलग होने पर संख्या घट जाती है, और जो शेष संख्या बचती है, उस संख्या का चिन्ह वही रहता है। (अर्थात् शेष बची बड़ी संख्या का चिन्ह आएगा।)

1. जोड़ने में या घटाने में ऋण और धन का प्रयोग

चिन्ह	अंक	चिन्ह	अंक		शेष चिन्ह	शेष अंक
	2	+	2	=		4
-	2	+	2	=		0
-	2	-	2	=	-	4
	2	-	2	=		0

इसी प्रकार जोड़ने या घटाने का प्रयोग

-5 - 1 = -6   -3 - 0 = ...

7 - 7 = ...   8 - 3 = ...

9 - 5 = ...   4 - 1 = ...

5 - 2 = ...   6 - 3 = ...

उदाहरण के तौर पर चिन्हों पर किए गए सवाल और हल :

चिन्ह	अंक	चिन्ह	अंक		शेष चिन्ह और अंक	चिन्ह	अंक	चिन्ह	अंक		शेष चिन्ह और अंक
	12	+	6	=	18		3	+	4	=	7
-	12	+	6	=		-	2	+	1	=	
	12	-	6	=			9	-	3	=	
-	12	-	6	=		-	11	-	5	=	
-	6	-	6	=		-	5	-	2	=	
-	7	+	11	=		-	8	+	6	=	
	8	-	2	=			13	-	2	=	
	9	+	1	=			1	+	7	=	
-	10	-	3	=			3	-	6	=	
	2	-	1	=			1	+	5	=	
-	8	-	1	=			1	-	7	=	
	10	-	9	=		-	3	-	6	=	
-	22	-	1	=			1	-	5	=	

और भी अभ्यास

51	-	11	= 40		33	-	10	= 20
77	-	70	=		- 80	-	73	= ....
-16	-	12	=		99	-	44	= ....
-44	+	43	=		- 19	-	29	= ....
15	+	1	=		43	-	10	= ....
72	-	67	=		28	-	23	= ....
151	-	111	=		133	-	110	= ....
177	-	70	=		- 180	-	173	= ....
-116	-	112	=		199	-	144	= ....
-144	+	143	=		- 129	+	119	= ....

-10

- +5 = -5
- -5 = -15

+10

- +5 = +15
- -5 = +5

चिन्ह	अंक	चिन्ह	अंक		शेष चिन्ह और अंक	चिन्ह	अंक	चिन्ह	अंक		शेष चिन्ह और अंक
	53	+	33	=	86		13	+	14	=	27
-	12	+	10	=	....	-	12	+	16	=	....
	22	-	11	=	....		19	-	13	=	....
-	12	-	18	=	....	-	11	-	15	=	....
-	16	-	15	=	....	-	15	-	12	=	....
-	17	+	11	=	....	-	18	+	16	=	....
	10	-	12	=	....		13	-	12	=	....
	19	+	10	=	....		11	+	17	=	....
-	10	-	13	=	....		13	-	16	=	....
	12	-	11	=	....		11	+	15	=	....
	19	+	11	=	....		13	+	12	=	....
	10	-	19	=	....	-	14	-	16	=	....
-	22	-	10	=	....		11	-	15	=	....
-	23	+	11	=	....		12	-	16	=	....
	24	-	12	=	....		13	-	17	=	....
-	25	-	13	=	....	-	14	+	18	=	....
-	26	+	14	=	....		15	-	19	=	....

2. गुणा करने में धन (+) और ऋण (-) का प्रयोग

गुणा करने की पद्धतियों के लिए सावधानी पूर्वक चिन्हों का प्रयोग : गुणा करने में धन +, ऋण - चिन्ह यदि असमान (अलग-अलग) हों तो चिन्ह का स्वरूप बदल जाता है। यदि समान चिन्ह हों तो संख्या जुड़ जाती है, चिन्ह का स्वरूप धन (+) हो जाता है। **जैसे -**

चिन्ह	अंक	गुणा	चिन्ह	अंक	चिन्ह में गुणा		शेष चिन्ह	शेष अंक
	2	x		2	(+ x +)	=		4
-	2	x		2	(- x +)	=	-	4
	2	x	-	2	(+ x -)	=	-	4
-	2	x	-	2	(- x -)	=		4

-1
x - 3
[3]

5
x - 1
[ ]

- 1
x 6
[ ]

- 3
x - 6
[ ]

5
x- 3
[ ]

- 1
x 2
[ ]

-1 x - 2 ☐	3 x - 10 ☐	- 4 x 6 ☐
- 3 x - 2 ☐	2 x- 3 ☐	- 2 x 6 ☐
- 4 x - 9 ☐	5 x - 8 ☐	- 6 x 7 ☐

-10

- X(+5) = -50
- X(-5) = +50

+10

- X(+5) = +50
- X(-5) = -50

उदाहरण के तौर पर किए गए इस प्रकार के सवाल और हल

चिन्ह	अंक	गुणा	चिन्ह	अंक	चिन्ह में गुणा		शेष चिन्ह	शेष अंक
	1	x		9	(+ x +)	=	+	9
-	1	x		9	(- x +)	=		
	1	x	-	9	(+ x -)	=		
-	1	x	-	9	(- x -)	=		
	a	x		b	(+ x +)	=		
-	a	x		b	(- x +)	=		
	a	x	-	b	(+ x -)	=		
-	3	x	-	8	(- x -)	=		
-	4	x		4	(- x +)	=		
-	6	x	-	2	(- x -)	=		
-	b	x	+	5	(- x +)	=		
	n	x	-	4	(+ x -)	=		
-	9	x	-	4	(- x -)	=		
-	a	x		n	(- x +)	=		
	2	x	-	1	(+ x -)	=		
-	3	x	-	7	(- x -)	=		
-	5	x		5	(- x +)	=		
	8	x	-	3	(+ x -)	=		
-	11	x		5	(- x +)	=		
	13	x	-	4	(+ x -)	=		
-	17	x		2	(- x +)	=		

3. भाग (÷) करने में धन (+) और ऋण (-) का प्रयोग

भाग (÷) पद्धतियों के लिए सावधानी पूर्वक चिन्हों से प्रयोग : भाग में यदि एक सामान चिन्ह हों तो चिन्ह धन (+) का रूप लेता है और चिन्ह असमान (अलग-अलग) हों, तो चिन्ह ऋण (–) का रूप लेता है। **जैसे -**

चिन्ह	अंक	भाग	चिन्ह	अंक	चिन्ह		शेष चिन्ह	शेष अंक
	2	÷		2	(+ ÷ +)	=	+	2
-	2	÷		2	(- ÷ +)	=	-	1
	4	÷	-	2	(+ ÷ -)	=	-	2
-	2	÷	-	2	(- ÷ -)	=	+	1

इसी प्रकार भाग (÷) में चिन्हों का प्रयोग

108	÷	-12	=	-9	60	÷	-12	=	.....
-3	÷	3	=	.....	-5	÷	-5	=	.....
-35	÷	-7	=	.....	-10	÷	-10	=	.....
20	÷	4	=	.....	-80	÷	10	=	.....
-60	÷	6	=	.....	28	÷	-7	=	.....
18	÷	-3	=	.....	-27	÷	-9	=	.....

भाग (÷) में चिन्हों का महत्त्व

चिन्ह	अंक	भाग	चिन्ह	अंक	चिन्ह		शेष चिन्ह	शेष अंक
	4	÷		1	(+ ÷ +)	=	+	4
-	4	÷		2	(- ÷ +)	=		
	a	÷	-	a	(+ ÷ -)	=		
-	b	÷	-	b	(- ÷ -)	=		
	9	÷	-	3	(+ ÷ -)	=		
-	7	÷	-	7	(- ÷ +)	=		
	20	÷	-	5	(+ ÷ -)	=		
-	18	÷	-	6	(- ÷ -)	=		
	8	÷	-	4	(+ ÷ -)	=		
-	6	÷		2	(- ÷ +)	=		
	12	÷	-	1	(+ ÷ -)	=		
	6	÷	-	2	(+ ÷ -)	=		
-	3	÷	-	3	(- ÷ -)	=		

10 ÷ 5 (+/+) = (2)	10 ÷ 2 (+/+) = (5)
- 15 ÷ 3 (-/+) = ( )	18 ÷ - 6 (+/-) = ( )
- 25 ÷ - 5 (-/-) = ( )	-15 ÷ 5 (-/+) = ( )
18 ÷ - 9 (+/-) = ( )	-20 ÷ - 4(-/-) = ( )
-28 ÷ - 4 (-/-) = ( )	-28 ÷ 3 (-/+) = ( )
39 ÷ - 3 (+/-) = ( )	-50 ÷ - 10(-/-) = ( )
-22 ÷ - 2 (-/-) = ( )	-55 ÷ 11(-/+) = ( )
20 ÷ - 10 (+/-) = ( )	-27 ÷ - 9(-/-) = ( )
9 ÷ - 3 (+/-) = ( )	-30 ÷ - 10(-/-) = ( )
-12 ÷ - 2 (-/-) = ( )	- 44 ÷ 11(-/+) = ( )

-10

- ÷ (+5) = -2
- ÷ (-5) = +2

+10

- ÷ (+5) = +2
- ÷ (-5) = -2

8	÷	2	=	4	क्योंकि	4	X	2	= 8
9	÷	……..	=	9	क्योंकि	9	X	……..	= 9
4	÷	……..	=	4	क्योंकि	4	X	……..	= 4
6	÷	……..	=	2	क्योंकि	3	X	……..	= 6
9	÷	……..	=	3	क्योंकि	3	X	……..	= 9
35	÷	……..	=	5	क्योंकि	5	X	……..	= 35
42	÷	……..	=	6	क्योंकि	7	X	……..	= 42
4	÷	……..	=	2	क्योंकि	……	X	2	= 4
81	÷	……..	=	9	क्योंकि	9	X	……..	= 81
54	÷	……..	=	9	क्योंकि	9	X	……..	= 54
16	÷	……..	=	4	क्योंकि	4	X	……..	= 16
32	÷	……..	=	8	क्योंकि	……	X	4	= 32
72	÷	……..	=	8	क्योंकि	8	X	……..	= 72
63	÷	……..	=	7	क्योंकि	7	X	……..	= 63
24	÷	……..	=	4	क्योंकि	……	X	4	= 24
10	÷	……..	=	5	क्योंकि	5	X	……..	= 10
15	÷	……..	=	3	क्योंकि	3	X	……..	= 15
14	÷	……..	=	7	क्योंकि	……	X	2	= 14

सभी चिन्हों का प्रयोग

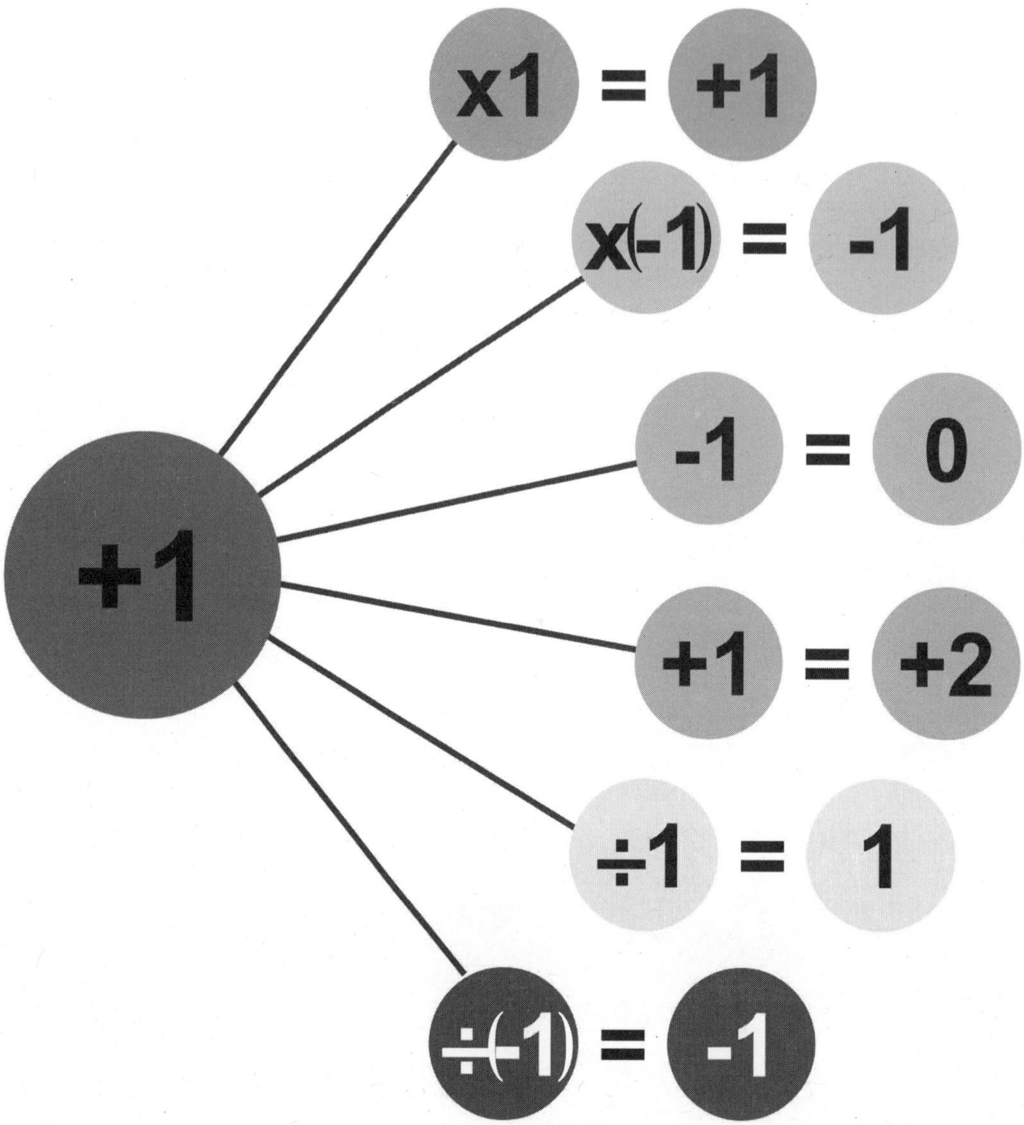

सभी चिन्हों का प्रयोग

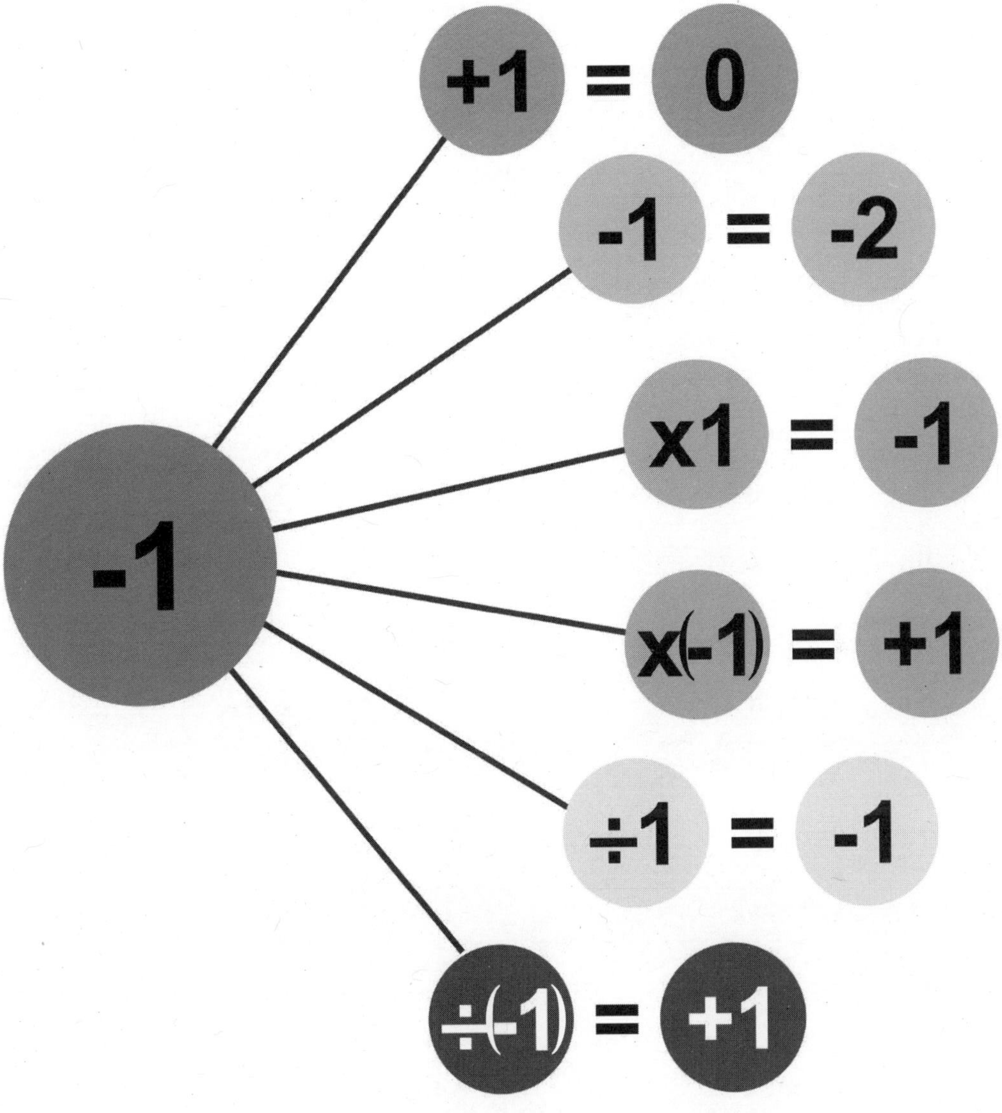

शून्य के साथ गुणा करने का प्रयोग

गुणा करने में शून्य के साथ प्रयोग से सभी संख्या का शेष शून्य (0) हो जाती हैं। इसे हम उदाहरण से समझ सकते हैं।

0 X 1 = 0	**1 X 0 = 0**
0 X 10 = 0	**10 X 0 = 0**
0 X 100 = 0	**100 X 0 = 0**
0 X 1000 = 0	**1000 X 0 = 0**
0 X 10000 = 0	**10000 X 0 = 0**

उदाहरण स्वरूप किसी संख्या या अंक में शून्य का गुणा करने पर बची हुई संख्या शून्य हो जाती है।

n	x	0	=	0	0	x	n	=	0
7	x	0	=	.....	0	x	7	=	.....
0	x	2	=	.....	2	x	0	=	.....
11	x	0	=	.....	0	x	11	=	.....
81	x	0	=	.....	0	x	81	=	.....
121	x	0	=	.....	0	x	121	=	.....
7	x	0	=	.....	0	x	7	=	.....
0	x	12	=	.....	12	x	0	=	.....
11	x	0	=	.....	0	x	61	=	.....
0	x	32	=	.....	32	x	0	=	.....
131	x	0	=	.....	0	x	131	=	.....
0	x	22	=	.....	22	x	0	=	.....

रोमन अंक में गिनती

एक	1	I	ग्यारह	11	XI
दो	2	II	बारह	12	XII
तीन	3	III	तेरह	13	XIII
चार	4	IV	चौदह	14	XIV
पाँच	5	V	पंद्रह	15	XV
छः	6	VI	सोलह	16	XVI
सात	7	VII	सत्रह	17	XVII
आठ	8	VIII	अठारह	18	XVIII
नौ	9	IX	उन्नीस	19	XIX
दस	10	X	बीस	20	XX

इसी प्रकार रोमन अंक :

तीस	30	XXX	चालीस	40	XL
पचास	50	L	साठ	60	LX
सत्तर	70	LXX	अस्सी	80	LXXX
नब्बे	90	XC	सौ	100	C
एक सौ दस	110	CX	पाँच सौ	500	D
चार सौ	400	CD	एक हजार	1000	M

गिनती से रोमन नंबर

8	=	VIII	12	=	....
7	=	....	71	=	....
43	=	....	22	=	....
49	=	....	13	=	....
42	=	....	18	=	....
50	=	....	28	=	....
11	=	....	54	=	....
76	=	....	99	=	....
81	=	....	110	=	....
70	=	....	44	=	....

रोमन नंबर से गिनती

LVIII	=	58	XII	=	....
XI	=	....	IX	=	....
XX	=	....	XV	=	....
XIV	=	....	XL	=	....
L	=	....	XXV	=	....
CXX	=	....	CL	=	....
CXL	=	....	CLX	=	....
CXXIX	=	....	LXV	=	....

गणित में सबसे छोटी संख्या

एक अंक की	-	1
दो अंक की	-	10
तीन अंक की	-	100
चार अंक की	-	1000
पाँच अंक की	-	10000

गणित में सबसे बड़ी संख्या

एक अंक की	-	9
दो अंक की	-	99
तीन अंक की	-	999
चार अंक की	-	9999
पाँच अंक की	-	99999

दशमलव के लेन-देन संबधी नियम अथवा पद्धति

1 पैसा (दशमलव शून्य एक रुपया) .... 0.01 रुपया

5 पैसा (दशमलव शून्य एक रुपया) .... 0.05 रुपया

10 पैसा (दशमलव शून्य एक रुपया) .... 0.10 रुपया

99 पैसा (दशमलव शून्य एक रुपया) .... 0.99 रुपया

100 पैसा (दशमलव शून्य एक रुपया) .... 1.00 रुपया

दशमलव में जोड़ने के लिए

2.00 + 1.11 3.11	3.33 + 1.25 	1.13 + 2.41
8.20 + 1.81 	5.39 + 1.20 	4.17 + 3.31
3.51 + 1.23 	4.69 + 1.10 	1.17 + 6.32

इसी प्रकार दूसरे तरीके में

0.01 + 2.02 = 2.03   **0.01 + 1.02 = …….**

5.00 + 7.12 = ……..   **3.33 + 2.22 = …….**

4.13 + 2.54 = ……..   **7.13 + 1.13 = …….**

3.53 + 2.40 = ……..   **6.87 + 1.11 = …….**

1.23 + 3.40 = ……..   **5.87 + 2.11 = …….**

दशमलव में घटाने के लिए

2.99 - 1.11 1.88	3.33 - 1.22 [ ]	4.53 - 2.41 [ ]
8.72 - 6.11 [ ]	5.39 - 1.20 [ ]	4.17 - 3.01 [ ]
3.54 - 2.23 [ ]	4.69 - 3.60 [ ]	7.37 - 6.37 [ ]

इसी प्रकार दूसरे तरीके में

1.01 - 0.01 = 1.00   9.02 - 1.01 = ...

5.35 - 5.12 = ...   3.33 - 2.22 = ...

4.13 - 2.13 = ...   7.13 - 1.13 = ...

3.53 - 2.40 = ...   6.87 - 1.11 = ...

5.23 - 2.20 = ...   7.77 - 3.22 = ...

अंकों का जोड़ और उसका अलग करने के लिए अभ्यास

11	=	10 + 1	18	=	10 + 8
59	=	50 + 9	99	=	90 + 9
111	=	100 + 10 + 1	215	=	200 + 10 + 5
318	=	300 + 10 + 8	419	=	400 + 10 + 9
5112	=	5000 + 100 + 10 + 2	6791	=	6000 + 700 + 90 + 1

अलग-अलग अंकों का जोड़ के लिए अभ्यास

10 + 3	=	13	80 + 9	=	89
20 + 6	=	26	40 + 4	=	44
30 + 5	=	35	60 + 5	=	65
200 + 50 + 8	=	258	200 + 60 + 7	=	267
100 + 50 + 8	=	158	300 + 60 + 7	=	367
3000 + 200 + 10 + 4	=	3214	1000 + 400 + 10 + 2	=	1412
6000 + 600 + 50 + 6	=	6656	1000 + 200 + 30 + 4	=	1234

दो अंकों अलग-अलग

1. 79 = 70 + 9
2. 80 = ... + ...
3. 11 = ... + ...
4. 32 = ... + ...
5. 88 = ... + ...
6. 51 = ... + ...
7. 65 = ... + ...
8. 66 = ... + ...
9. 17 = ... + ...
10. 98 = ... + ...
11. 89 = ... + ...
12. 92 = ... + ...
13. 31 = ... + ...
14. 22 = ... + ...
15. 43 = ... + ...
16. 54 = ... + ...
17. 19 = 10 + 9
18. 10 = ... + ...
19. 51 = ... + ...
20. 42 = ... + ...
21. 63 = ... + ...
22. 54 = ... + ...
23. 55 = ... + ...
24. 16 = ... + ...
25. 81 = ... + ...
26. 44 = ... + ...
27. 89 = ... + ...
28. 90 = ... + ...
29. 91 = ... + ...
30. 62 = ... + ...
31. 73 = ... + ...
32. 94 = ... + ...

तीन अंकों में अलग-अलग

1. 179 = 100 + 70 + 9
2. 280 = ... + ... + ...
3. 181 = ... + ... + ...
4. 382 = ... + ... + ...
5. 181 = ... + ... + ...
6. 565 = ... + ... + ...
7. 115 = ... + ... + ...
8. 786 = ... + ... + ...
9. 712 = ... + ... + ...
10. 747 = ... + ... + ...
11. 419 = ... + ... + ...
12. 111 = ... + ... + ...
13. 491 = ... + ... + ...
14. 912 = ... + ... + ...
15. 793 = ... + ... + ...
16. 194 = ... + ... + ...
17. 199 = 100 + 90 + 9
18. 180 = ... + ... +......
19. 281 = ... + ... +......
20. 182 = ... + ... +......
21. 183 = ... + ... +......
22. 184 = ... + ... +......
23. 185 = ... + ... +......
24. 186 = ... + ... +......
25. 787 = ... + ... +......
26. 288 = ... + ... +......
27. 189 = ... + ... +......
28. 491 = ... + ... +......
29. 191 = ... + ... +......
30. 292 = ... + ... +......
31. 393 = ... + ... +......
32. 496 = ... + ... +......

दो अंकों को एक साथ करना

1. 70 + 9 = 79
2. 10 + 1 = ...
3. 20 + 1 = ...
4. 30 + 6 = ...
5. 40 + 5 = ...
6. 50 + 5 = ...
7. 40 + 5 = ...
8. 70 + 2 = ...
9. 80 + 6 = ...
10. 90 + 4 = ...
11. 10 + 6 = ...
12. 60 + 1 = ...
13. 90 + 2 = ...
14. 80 + 7 = ...
15. 50 + 9 = ...
16. 40 + 4 = ...

17. 10 + 1 = 11
18. 30 + 2 = ...
19. 20 + 3 = ...
20. 40 + 5 = ...
21. 50 + 7 = ...
22. 60 + 1 = ...
23. 40 + 9 = ...
24. 70 + 2 = ...
25. 10 + 9 = ...
26. 90 + 9 = ...
27. 80 + 8 = ...
28. 70 + 7 = ...
29. 80 + 7 = ...
30. 60 + 5 = ...
31. 50 + 2 = ...
32. 10 + 6 = ...

तीन अंकों को एक साथ करना

1. 100 + 10 + 9 = 119
2. 200 + 20 + 1 = ...
3. 300 + 10 + 2 = ...
4. 400 + 70 + 8 = ...
5. 100 + 50 + 4 = ...
6. 100 + 70 + 5 = ...
7. 100 + 60 + 6 = ...
8. 100 + 90 + 1 = ...
9. 200 + 20 + 8 = ...
10. 500 + 40 + 9 = ...
11. 600 + 50 + 1 = ...
12. 100 + 80 + 5 = ...
13. 100 + 60 + 6 = ...
14. 200 + 70 + 9 = ...
15. 300 + 10 + 7 = ...
16. 100 + 20 + 8 = ...
17. 200 + 70 + 1 = 271
18. 200 + 80 + 3 = ...
19. 400 + 90 + 4 = ...
20. 100 + 10 + 2 = ...
21. 100 + 30 + 9 = ...
22. 200 + 40 + 7 = ...
23. 300 + 20 + 8 = ...
24. 600 + 10 + 2 = ...
25. 700 + 30 + 5 = ...
26. 500 + 50 + 1 = ...
27. 500 + 40 + 8 = ...
28. 600 + 60 + 9 = ...
29. 100 + 70 + 7 = ...
30. 100 + 90 + 1 = ...
31. 200 + 80 + 3 = ...
32. 100 + 30 + 2 = ...

नापतौल की इकाई

मीटर : जो लम्बाई की विशेष इकाई है, जो इंच, सेंटीमीटर, मीटर , किलोमीटर और फुट की लम्बाई नापने के लिए प्रयोग की जाती है।

12 इंच	**=**	**304.80 मिलीमीटर**
12 इंच	**=**	**1 फुट**
10 मिली मीटर	**=**	**1 सेंटी मीटर**
10 सेंटीमीटर	**=**	**1 डेसी मीटर**
10 डेसी मीटर	**=**	**1 मीटर**
10 मीटर	**=**	**1 डेका मीटर**
10 डेका मीटर	**=**	**1 हेक्टो मीटर**
10 हेक्टो मीटर	**=**	**1 किलो मीटर**
10 गज	**=**	**9.144 मीटर**

(**नोटः** 1 इंच चौड़ी और 1 इंच लम्बी वर्गा कर को एक वर्ग इंच कहते हैं)

इसी प्रकार 12 इंच चौड़ी और 12 इंच लम्बी वर्गाकार को एक वर्ग फुट कहते हैं या 1 फुट चौड़ी और 1 फुट लम्बी वर्गाकार को एक वर्ग फुट कहते हैं।

इसी प्रकार 12 फुट चौड़ी और 12 फुट लम्बी 12 फुट मोटा वर्गाकार को एक घन फुट कहते हैं।

मीटर के माप हेतु सामग्री :

स्केल

ग्राम : यह तौल (वजन) की विशेष इकाई है, जो पदार्थ को मिलीग्राम, ग्राम और किलो ग्राम के रूप में मापने के लिए प्रयोग में लाई जाती है। **जैसे -**

10 मिलीग्राम	**=**	**1 सेंटी ग्राम**
10 सेंटीग्राम	**=**	**1 डेसी ग्राम**
10 डेसीग्राम	**=**	**1 ग्राम**
100 ग्राम	**=**	**1 डेका ग्राम**
500 ग्राम	**=**	**आधा किलो (½ KG)**
10 डेका ग्राम	**=**	**1 हेक्टो ग्राम**
10 हेक्टोग्राम	**=**	**1 किलोग्राम**
100 किलो ग्राम	**=**	**1 किन्टल**
10 किन्टल	**=**	**1 टन**

तौल सामग्री का चित्र :

लीटर : जो धारिता (द्रव पदार्थ) की इकाई है, जो द्रव पदार्थ को मिलीलीटर, लीटर में वजन के लिए प्रयोग की जाती है। इसे दूध, तेल, पानी अथवा तरल पदार्थ आदि को मापने के लिए प्रयुक्त किया जाता है। **जैसे -**

10 मिलीलीटर	=	**1 सेंटीलीटर**
10 सेंटीलीटर	=	**1 डेसीलीटर**
10 डेसीलीटर	=	**1 लीटर**
10 लीटर	=	**1 डेका लीटर**
10 डेका लीटर	=	**1 हेक्टो लीटर**
10 हेक्टो लीटर	=	**1 किलोलीटर**

तौल सामग्री का चित्र :

रेखा गणित

रेखा, कोण और वृत की आकृतियाँ और भुजाएँ के अनुसार आकृतियाँ।

बिंदु : वह छोटा सा निशान, जिसमें लम्बाई, चौड़ाई और मोटाई नहीं होती बिंदु कहलाता है।

रेखा : कई बिंदुओं को मिला कर बनाई गई इस सीधी रेखा को सरल रेखा कहते हैं या किसी दो बिंदु को मिलाने पर जो सीधी रेखा बनती है उसे रेखा कहते हैं। **जैसे -**

वक्र : वह रेखा जो टेडी-मेंडी होती है, उस रेखा को वक्र रेखा कहते हैं। **जैसे -**

समान्तर रेखा : समान्तर रेखा वे दो रेखाए जिनको कितना भी बढ़ाया जाए उनका बीच का अंतर एक सा रहता है यह समान्तर रेखा कहलाती है। **जैसे -**

कोण : दो सरल रेखाओं के किसी बिंदु पर मिलने से जो कोना बनता है, उसे कोण कहते हैं। कोण कई प्रकार के हो सकते हैं। **जैसे -**

कोण के प्रकार

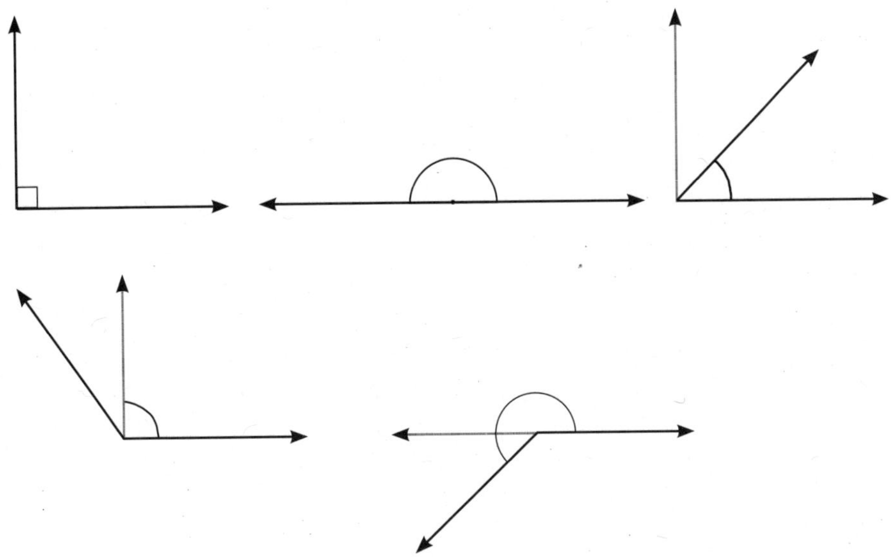

समकोण : दो सरल रेखाएँ मिल कर जो 90° का कोण बनाती हैं उसे सम कोण कहते हैं। **जैसे -**

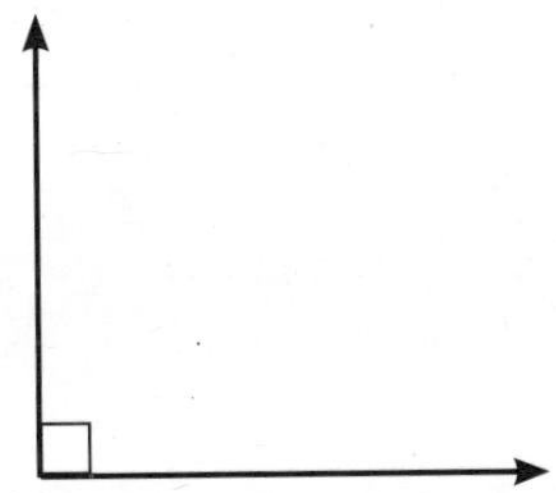

न्यून कोण : दो सरल रेखाएँ किसी मिल कर जो 45° का कोण बनाती है उसे न्यून कोण कहते हैं।

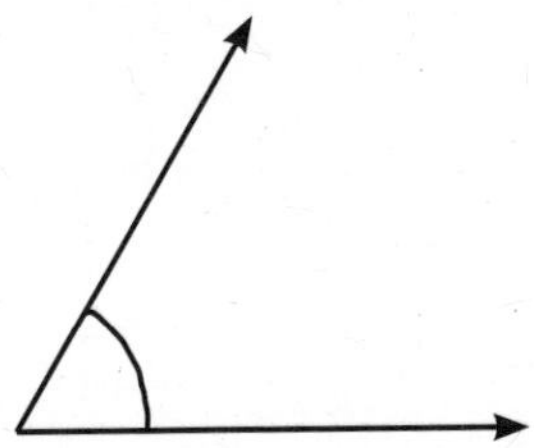

अधिक कोण : दो सरल रेखाएँ किसी मिल कर जो 90° से अधिक और 180° से कम का कोण बनाती है उसे अधिक कोण कहते हैं। **जैसे -**

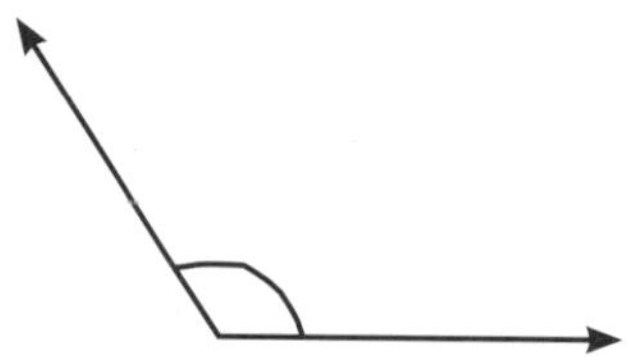

वृत : किसी स्थिर बिंदु से निश्चित दूरी पर चारो तरफ स्थित बिंदुओं का बिंदु पथ वृत्त कहलाता है।

परिधि : वृत्त के परिमाप को उसकी परिधि कहते हैं। **जैसे -**

त्रिज्या : वृत्त के केंद्र बिंदु से परिधि को छूने वाली रेखा को त्रिज्या कहते हैं। **जैसे -**

त्रिभुज : तीन सरल रेखाओं से घिरा हुआ क्षेत्र, जिसमें तीन भुजाएँ और तीन कोण होते हैं। **जैसे -**

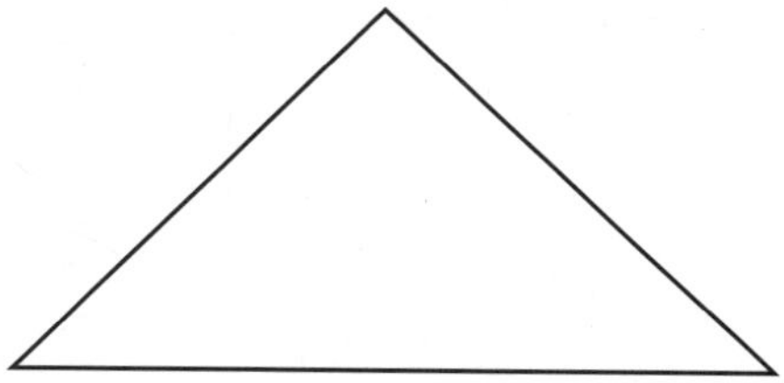

सम्बाहु त्रिभुज : तीन रेखाओं से घिरा हुआ क्षेत्र, जिसकी तीनों भुजाएँ बराबर हों उसे सम बाहू त्रिभुज कहते हैं। **जैसे -**

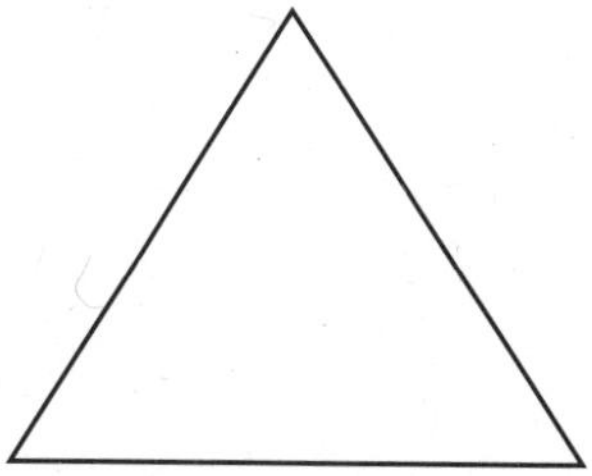

आयात : चार सरल रेखाओं से घिरा हुआ क्षेत्र जिसमें लम्बाई, चौड़ाई से अधिक होती है तथा प्रत्येक कोण 90^{0} का होता है। **जैसे -**

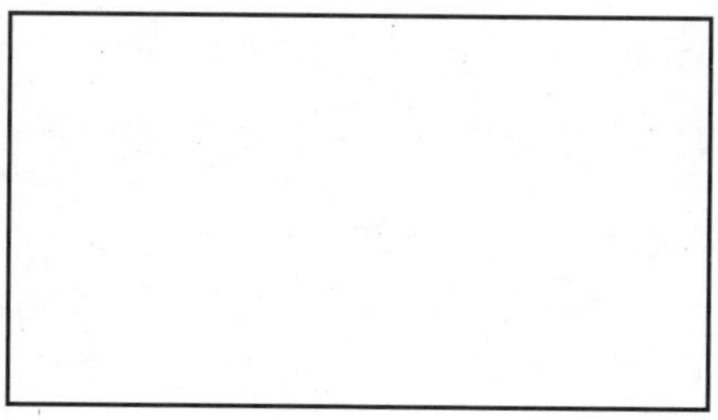

वर्ग : चार सामान लम्बाई की रेखा से घिरा क्षेत्र वर्ग होता है या जिसकी चारों भुजाएँ बराबर होती हैं। **जैसे -**

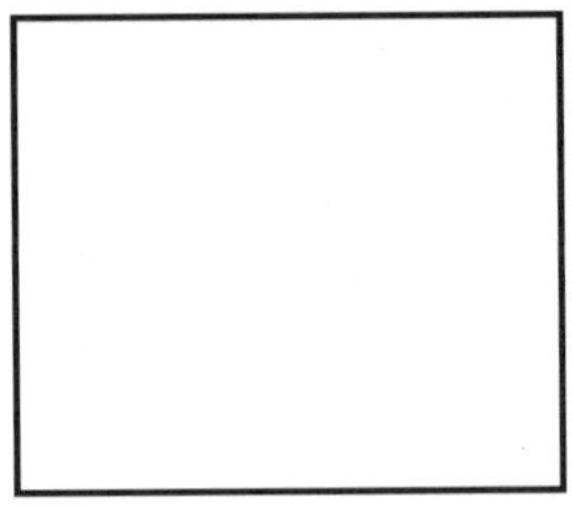

(**नोट :** त्रिभुज के तीनों कोणों का योग 180° या दो सम कोण के बराबर होता है और चारभुज चतुर्भूज के चारो कोणों का योग 360° या चार समकोण के बराबर होता है।)

वर्ग : उस चतुर्भुज को वर्ग कहते हैं, जिनकी सभी भुजाएँ समान व प्रत्येक कोण समकोण है।

- वर्ग का क्षेत्रफल = $(\text{भुजा})^2$ $(\text{विकर्ण})^2$
- वर्ग का विकर्ण = भुजा
- वर्ग का परिमाप = $4 \times (\text{भुजा})^2$

(**नोट**: यदि किसी वर्ग का क्षेत्रफल = आयत का क्षेत्रफल हो, तो आयत का परिमाप सदैव वर्ग के परिमाप से बड़ा होगा।)

वृत्त : वृत्त बिंदुओं को एक बिंदुपथ है, जिसमें एक स्थिर बिंदु से घूमने वाली एक-दूसरे बिंदु के मध्य की दूरी समान होती है, स्थिर बिंदु वृत्त का केंद्र कहलाता है।

त्रिज्या : वृत्त के केंद्र से परिधि को मिलाने वाली सरल रेखा त्रिज्या कहलाती है।

व्यास : वृत्त की परिधि से चलकर वृत्त की दूसरी परिधि के कोने को छूने वाली वह रेखा, जो वृत्त के केंद्र से गुजरती है, व्यास कहलाती है।

आयात : वह चतुर्भुज जिसकी आमने-सामने की भुजाएँ समान हों तथा प्रत्येक कोण समकोण (90°) के साथ विकर्ण भी समान होते हैं।

- आयत का क्षेत्रफल = लम्बाई (l) × चौड़ाई (b)
- आयत का परिमाप = 2 (लम्बाई + चौड़ाई)
- कमरे की चार दीवारों का क्षेत्रफल = 2 (लम्बाई + चौड़ाई) × ऊंचाई

त्रिभुज : तीन भुजाओं से घिरे क्षेत्र को त्रिभुज कहते हैं।

- त्रिभुज का क्षेत्रफल आधार × ऊंचाई
- त्रिभुज का परिमाप = सभी भुजाओं का योग

समकोण त्रिभुज :

जिस त्रिभुज का एक कोण समकोण अर्थात् 90° होता है। इस त्रिभुज में समकोण के सामने वाली भुजा को कर्ण कहते हैं।

- $(\text{कर्ण})^2 = (\text{लम्ब})^2 + (\text{आधार})^2$
- समकोण त्रिभुज का क्षेत्रफल = आधार × लम्ब

आकार

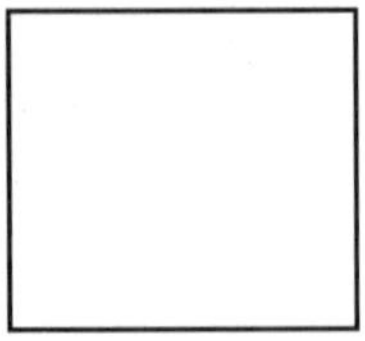

त्रिभुज/**वर्ग**/आयात

वृत्त/वर्ग/आयात

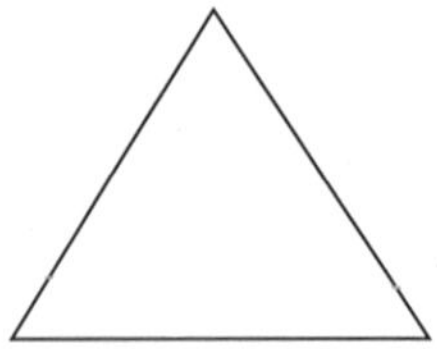

त्रिभुज/वर्ग/आयात

त्रिभुज/वर्ग/वृत्त

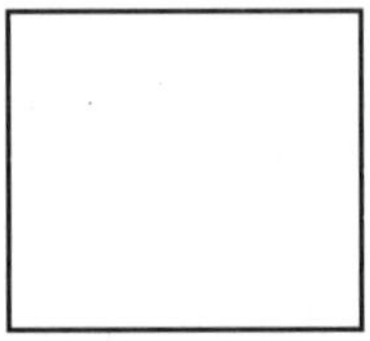

वृत्त/वर्ग/आयात

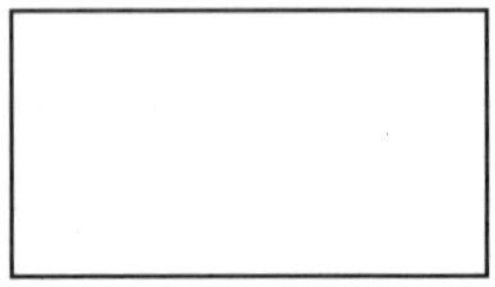

त्रिभुज/वर्ग/आयात

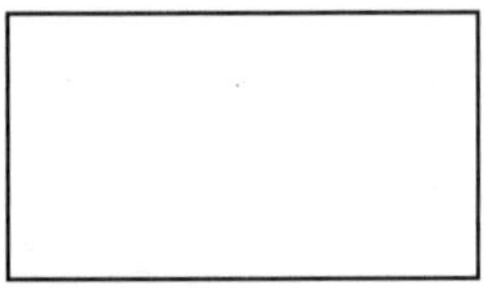

त्रिभुज/वर्ग/आयात

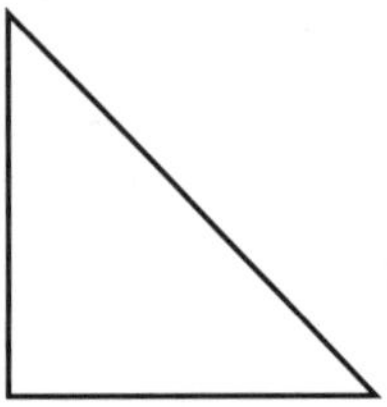

वृत्त/वर्ग/त्रिभुज

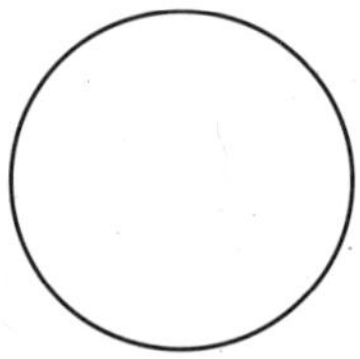

त्रिभुज/वर्ग/वृत्त

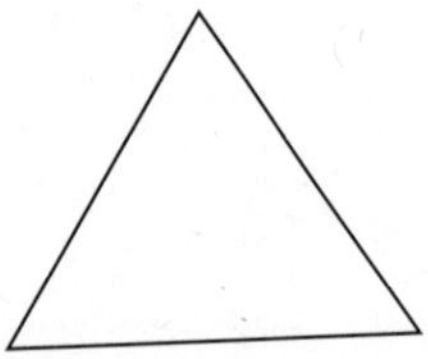

त्रिभुज/वर्ग/आयात

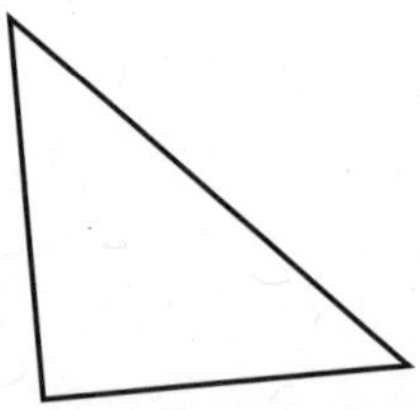

वृत्त/त्रिभुज/आयात

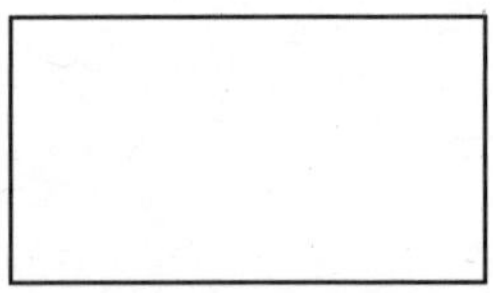

त्रिभुज/वर्ग/आयात

भिन्न

भिन्न a/b या 3/5 एक संख्या है, जो पूर्ण के किसी भाग को दर्शाती है। भिन्न **दो पूर्ण संख्याओं का भागफल** है। भिन्न का एक उदाहरण है, जिसमें 3 अंश कहलाता है और 5 हर कहलाता है। **अंश** भिन्न में जो ऊपर लिखा जाता है। **हर** भिन्न में निचे लिखा जाता है। जैसे - 3/5 = अंश/ हर

भिन्न रूप में

1.  = 1/3

2. 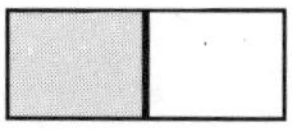 = 1/2

3. 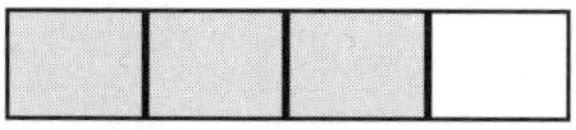 = 3/4

4. 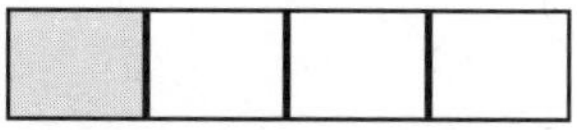 = 1/4

5. 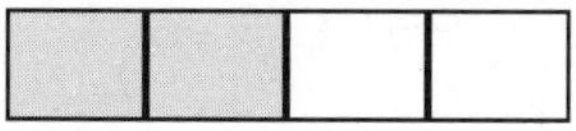 = 2/4

6. 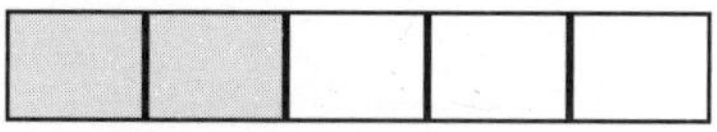 = 2/5

7.  = 4/5

8.  = 3/5

9. 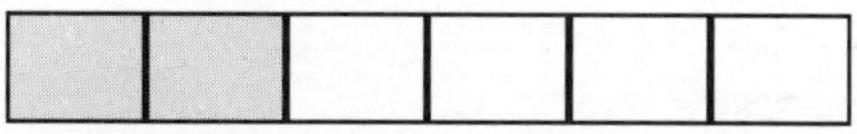 = 2/6

10. 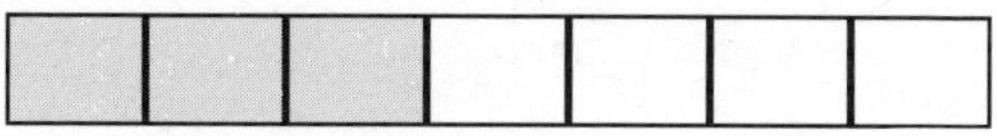 = 3/7

11. 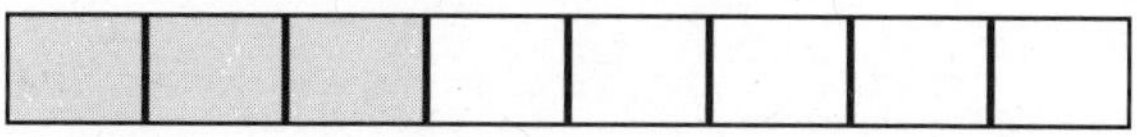 = 3/8

12. 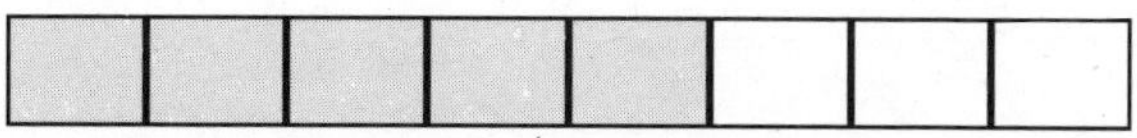 = 5/8

अभ्यास के रूप में भिन्न

1. 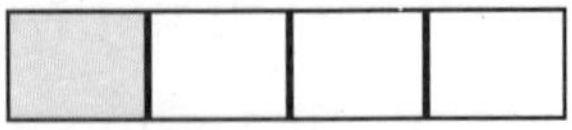 = **1/4**

2. 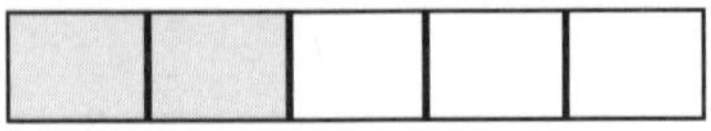 = ...

3. 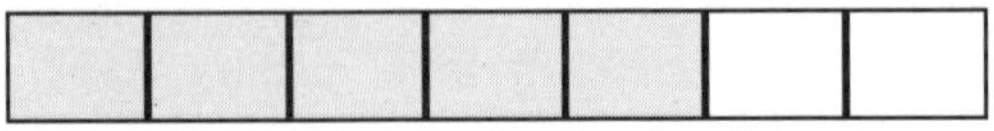 = ...

4. 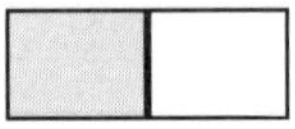 = ...

5. 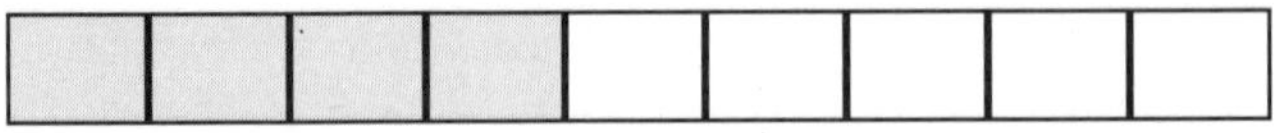 = ...

6. 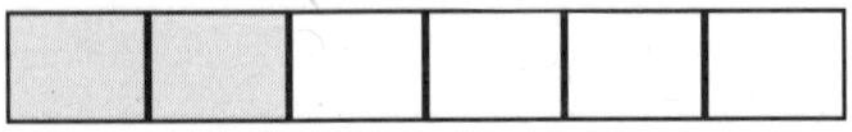 = ...

7. 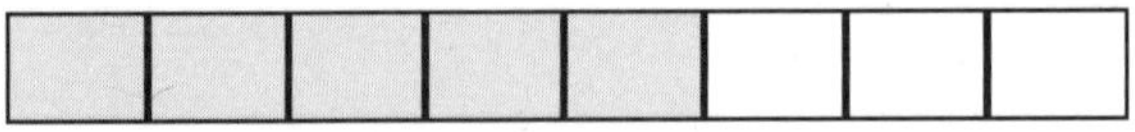 = ...

8. 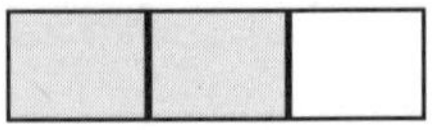 = ...

9. 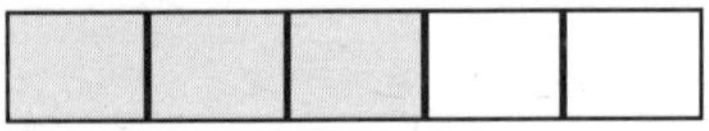 = ...

10. 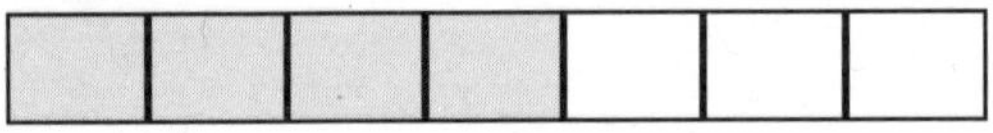 = ...

11. 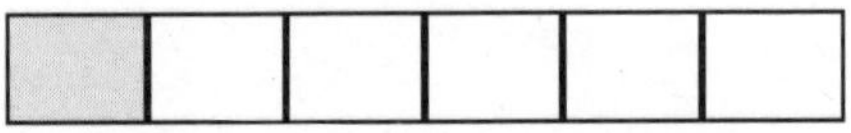 = ...

12.  = ...

13. 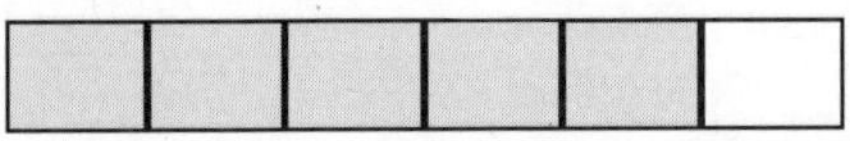 = ...

14. 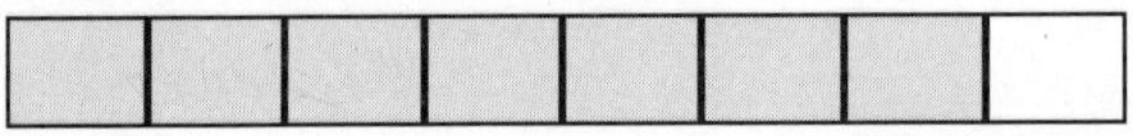 = ...

वर्ग के रूप में भी भिन्न

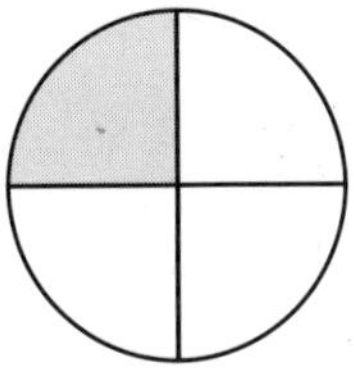

1/4

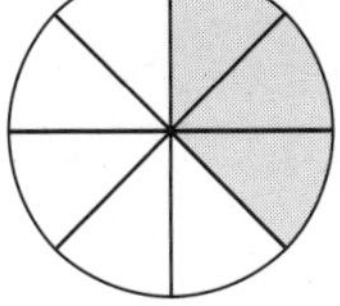

3/8

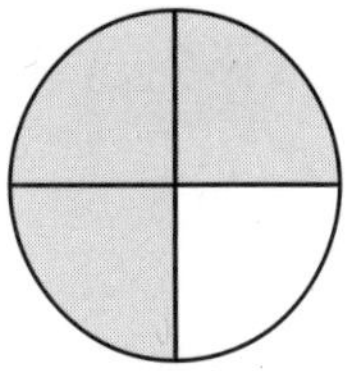

3/4

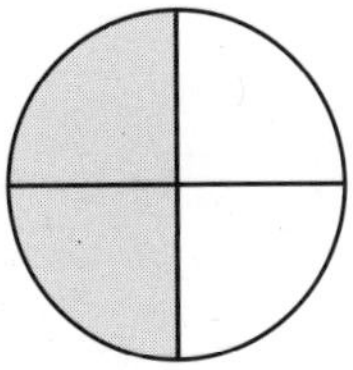

2/4

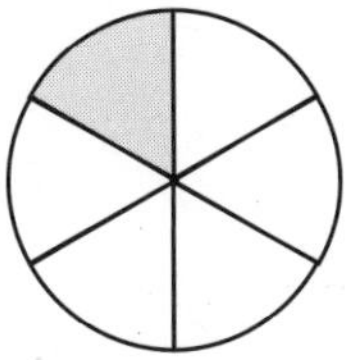

1/6

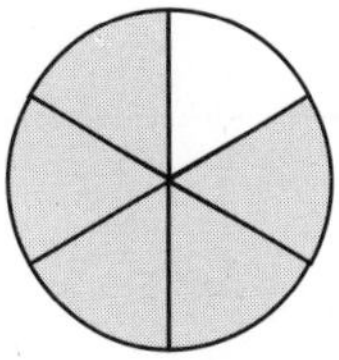

5/6

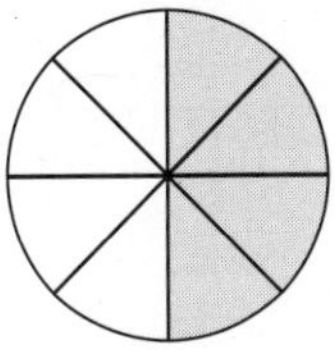

4/8

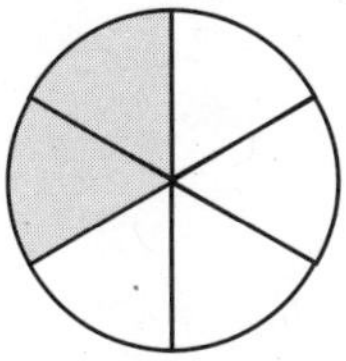

2/6

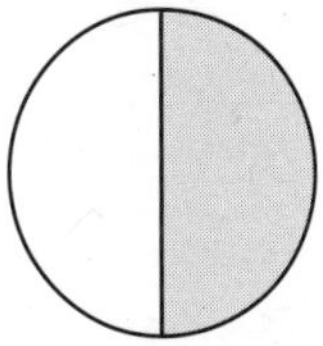

1/2

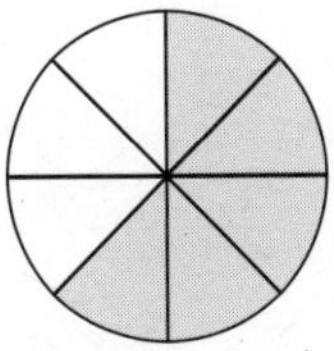

5/8

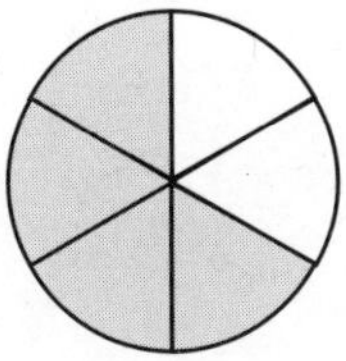

4/6

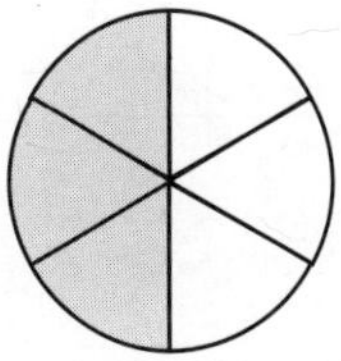

3/6

वर्ग के रूप में भिन्न का अभ्यास

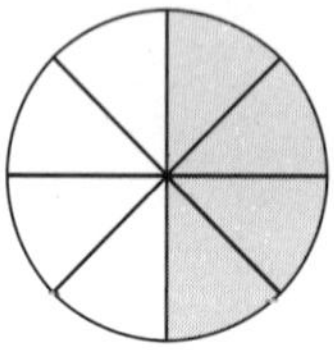

4/8

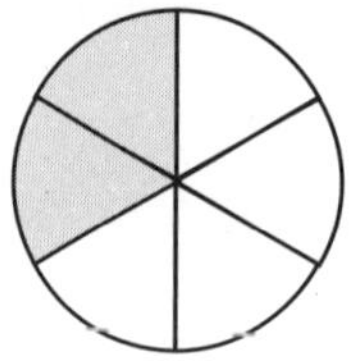

....

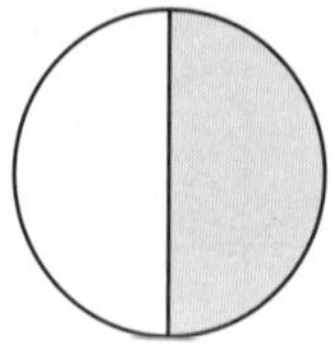

....

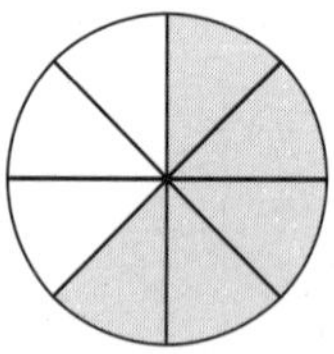

....

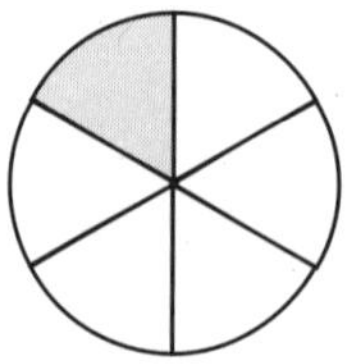

....

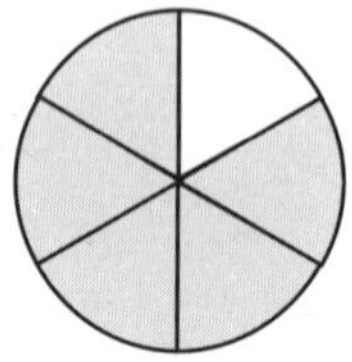

....

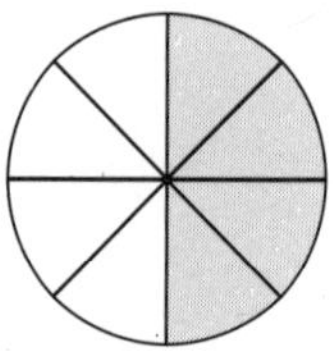

....

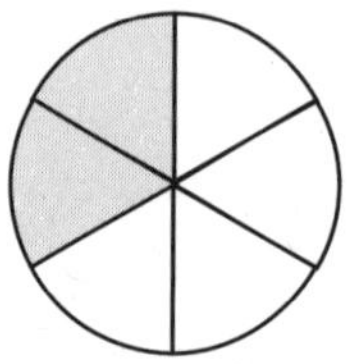

....

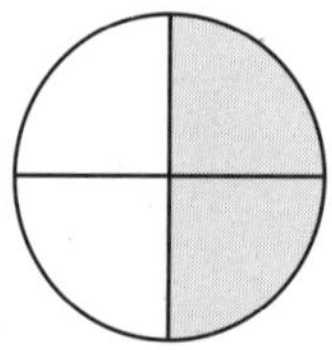

....

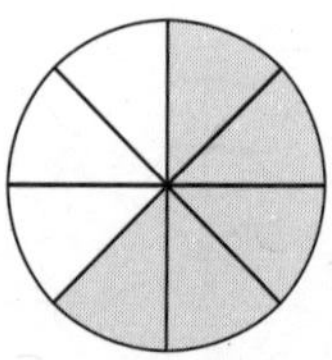

....

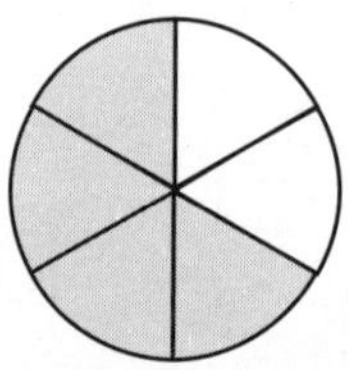

....

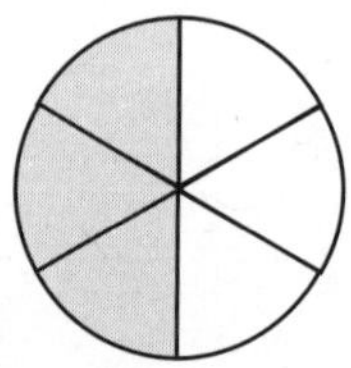

....

वर्ग के रूप में भिन्न का अभ्यास

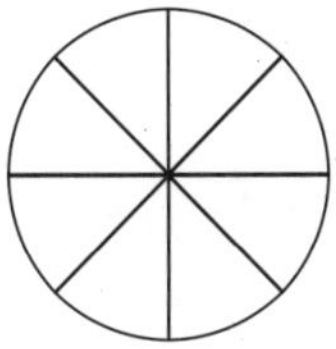

4/8

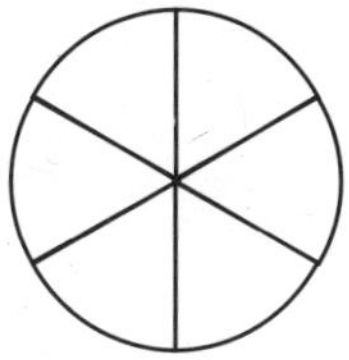

2/6

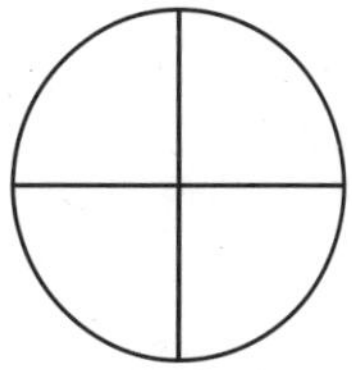

3/4

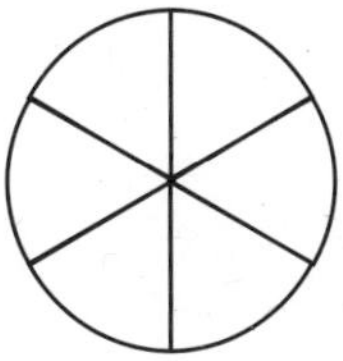

5/6

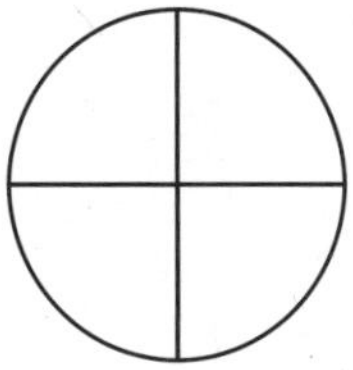

2/4

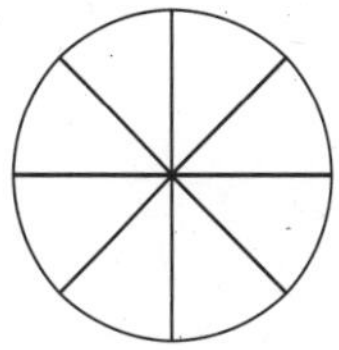

5/8

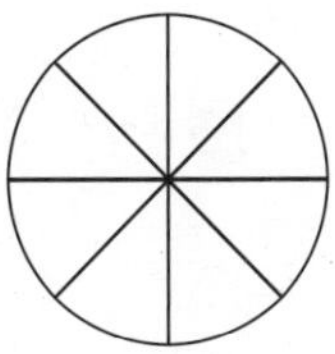

1/8

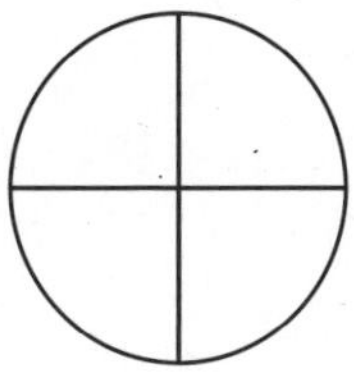

1/4

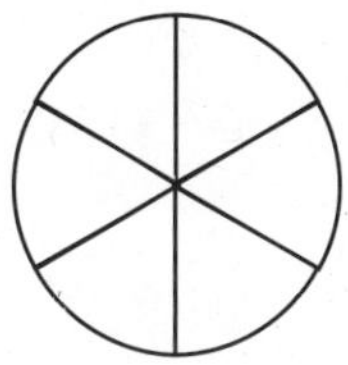

3/6

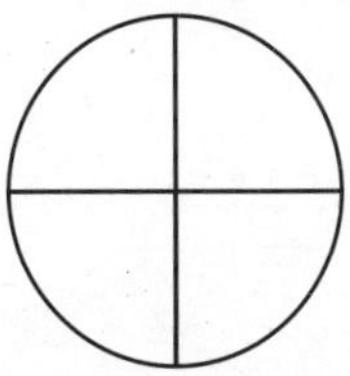

3/4

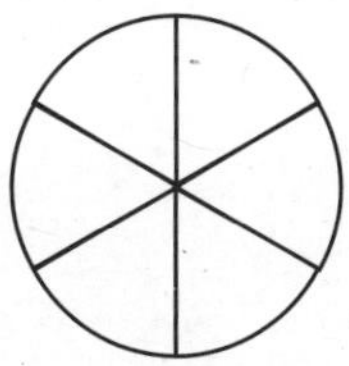

5/6

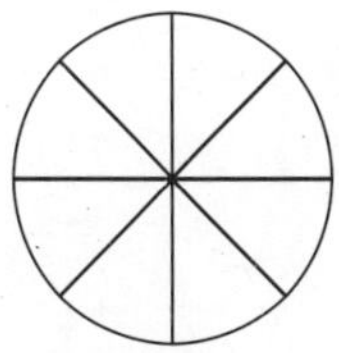

3/8

(>) से बड़ा, (<) से छोटा और (=) बराबर चिन्हों के प्रयोग

5 > 4,	14 < 2,	11 = 11
9 < 19,	32 = 32,	29 > 19
5 = 5,	21 > 11,	11 < 41

बड़ा (>), छोटा (<) और बराबर (=) चिन्हों का अभ्यास

6 > 3	9 < 10	11 = 11
9 .<. 17	10 .=. 10	32 .>. 31
11 ….. 16	9 ….. 8	21 ….. 10
3 ….. 0	12 ….. 7	13 ….. 19
2 ….. 1	17 ….. 10	17 ….. 15
5 ….. 9	14 ….. 12	11 ….. 20
8 ….. 8	15 ….. 18	20 ….. 21
18 ….. 17	6 ….. 23	10 ….. 10
21 ….. 23	17 ….. 29	7 ….. 11
23 ….. 21	8 ….. 30	9 ….. 19
45 ….. 10	19 ….. 29	18 ….. 6
43 ….. 21	18 ….. 30	19 ….. 19
45 ….. 50	19 ….. 29	28 ….. 6

घात (करणी) घातांक

घात – जब संख्या उसी संख्या से गुणा करती है तो जितनी बार वह संख्या गुणा करती है उसे उस प्रकार के घात के रूप में कहते हैं। यदि संख्या का उसी संख्या से चार बार गुणा हो रहा है, तो उस संख्या की चार घात होगी यदि पाँच बार हो रही है तो पाँच घात होगी। जिस संख्या पर जितनी घात लगी हुई है वह घातांक होगा।

किसी वास्तविक संख्या को उसी संख्या को जितनी बार गुणा किया जाता है उसे उस संख्या का घातांक कहते हैं, जिस संख्या को गुणा किया जाता है उसे उस संख्या का घातांक का आधार किया जाता है। **जैसे -**

$1^2 = 1 \times 1 = 1$ $1^3 = 1 \times 1 \times 1 = 1$

$2^2 = 2 \times 2 = 4$ $2^3 = 2 \times 2 \times 2 = 8$

$3^2 = 3 \times 3 = 9$ $3^3 = 3 \times 3 \times 3 = 27$

$4^2 = 4 \times 4 = 16$ $4^3 = 4 \times 4 \times 4 = 64$

$5^2 = 5 \times 5 = 25$ $5^3 = 5 \times 5 \times 5 = 125$

$6^2 = 6 \times 6 = 36$ $6^3 = 6 \times 6 \times 6 = 216$

$7^2 = 7 \times 7 = 49$ $7^3 = 7 \times 7 \times 7 = 343$

$8^2 = 8 \times 8 = 64$ $8^3 = 8 \times 8 \times 8 = 512$

$9^2 = 9 \times 9 = 81$ $9^3 = 9 \times 9 \times 9 = 729$

$10^2 = 10 \times 10 = 100$ $10^3 = 10 \times 10 \times 10 = 1000$

इसी प्रकार घातें

$a^2 = a \times a = \ldots\ldots$ $b^2 = b \times b = \ldots\ldots$

$a^5 = a \times a \times a \times a \times a = \ldots\ldots$ $b^5 = b \times b \times b \times b \times b = \ldots\ldots$

घातांक के उदाहरण

$1^3 = 1 \times 1 \times 1 = 1^{1+1+1} = 1^3 = 1$

$2^3 = 2 \times 2 \times 2 = 2^{1+1+1} = 2^3 = 8$

$3^3 = 3 \times 3 \times 3 = 3^{1+1+1} = 3^3 = 27$

$a^5 = a^1 \times a^1 \times a^1 \times a^1 \times a^1 = a^{1+1+1+1+1} = a^5$

$a^{15} = a^{14} \times a^1 = a^{14+1} = a^{15}$

$n^1 = n^1 = n$

$n^2 = n^1 \times n^1 = n^{1+1} = n^2$

$n^3 = n^1 \times n^1 \times n^1 = n^{1+1+1} = n^3$

$n^4 = n^1 \times n^1 \times n^1 \times n^1 = n^{1+1+1+1} = n^4$

$n^5 = n^1 \times n^1 \times n^1 \times n^1 \times n^1 = n^{1+1+1+1+1} = n^5$

$n^{15} = n^{14} \times n^1 = n^{14+1} = n^{15}$

अभ्यास के रूप में घातांक

2^5 = 2 x 2 x 2 x 2 x 2

10^2 = ...

12^2 = ...

11^3 = ...

9^3 = ...

11^2 = ...

13^2 = ...

14^3 = ...

2^{21} = ...

7^4 = ...

8^3 = ...

3^4 = ...

4^2 = ...

5^3 = ...

6^4 = ...

7^4 = ...

8^2 = ...

9^2 = ...

10^2 = ...

15^2 = ...

a^{13} = ...

a^{10} = ...

वस्तुनिष्ठ प्रश्न अभ्यास

अभ्यास 1. जोड़ने के लिए वस्तुनिष्ठ प्रश्न

1. **1** + **13** =

a) 14 b) 15 c) 12 d) 13

2. **19** + **3** =

a) 23 b) 22 c) 21 d) 28

3. **2** + **54** =

a) 54 b) 56 c) 17 d) 59

4. **5** + **28** =

a) 30 b) 32 c) 28 d) 33

5. **37** + **6** =

a) 54 b) 45 c) 43 d) 44

6. **5** + **74** =

a) 70 b) 20 c) 74 d) 79

7. **3** + **12** =

a) 14 b) 12 c) 13 d) 15

8. **8** + **76** =

a) 18 b) 70 c) 84 d) 75

9. **9** + **70** =

a) 74 b) 80 c) 81 d) 79

10. **78** + **11** =

a) 78 b) 89 c) 78 d) 71

11. **11** + **6** =

a) 15 b) 18 c) 19 d) 17

12. **3** + **80** =

a) 83 b) 81 c) 84 d) 85

13. **13** + **81** =

a) 93 b) 94 c) 86 d) 84

14. **14** + **42** =

a) 58 b) 59 c) 57 d) 56

15. **11** + **83** =

a) 94 b) 95 c) 84 d) 83

16. **16** + **84** =

a) 101 b) 89 c) 99 d) 100

17. **17** + **18** =

a) 53 b) 35 c) 34 d) 366

18. **15** + **14** =

a) 30 b) 29 c) 39 d) 49

19. **10** + **17** =

a) 27 b) 26 c) 26 d) 37

20. **20** + **18** =

a) 48 b) 58 c) 38 d) 69

21. **21** + **8** =

a) 50 b) 58 c) 21 d) 29

22. **22** + **22** =

a) 43 b) 44 c) 48 d) 78

23. **23** + **17** =

a) 30 b) 40 c) 60 d) 50

24. **13** + **92** =

a) 95 b) 92 c) 110 d) 105

25. **25** + **52** =

a) 76 b) 77 c) 55 d) 66

26. **16** + **36** =

a) 50 b) 52 c) 56 d) 46

27. **27** + **91** =

a) 100 b) 118 c) 117 d) 110

28. **12** + **18** =

a) 40 b) 30 c) 50 d) 60

29. **19** + **91** =

a) 88 b) 59 c) 110 d) 111

30. **30** + **98** =

a) 120 b) 128 c) 130 d) 140

31. **31** + **19** =

a) 50 b) 60 c) 40 d) 39

32. **32** + **10** =

a) 40 b) 42 c) 41 d) 50

33. **33** + **12** =

a) 46 b) 42 c) 55 d) 45

34. **34** + **27** =

a) 60 b) 59 c) 61 d) 68

35. **35** + **38** =

a) 65 b) 68 c) 73 d) 75

36. **36** + **14** =

a) 60 b) 40 c) 48 d) 50

37. **37** + **65** =

a) 102 b) 65 c) 37 d) 115

38. **38** + **17** =

a) 55 b) 38 c) 65 d) 45

39. **39** + **72** =

a) 111 b) 121 c) 101 d) 100

40. **40** + **36** =

a) 76 b) 77 c) 78 d) 80

41. **41** + **42** =

a) 85 b) 83 c) 88 d) 80

अभ्यास 2. सभी अंकों का जोड़ के वस्तुनिष्ट प्रश्न : किसी संख्याए जोड़ने के लिए जैसे : 5784230 = 5+7+8+4+2+3+0 = 29

1. **1230456 =**

   a) 21 b) 22 c) 27 d) 23

2. **883457 =**

   a) 40 b) 39 c) 34 d) 35

3. **783458 =**

   a) 35 b) 40 c) 37 d) 36

4. **9803459 =**

   a) 39 b) 38 c) 41 d) 40

5. **9923460 =**

   a) 31 b) 32 c) 33 d) 38

6. **9806458 =**

   a) 40 b) 41 c) 51 d) 39

7. **6203462 =**

   a) 33 b) 32 c) 34 d) 23

8. **5230463 =**

   a) 23 b) 33 c) 43 d) 53

9. **90123464 =**

   a) 30 b) 23 c) 29 d) 30

10. **47123465 =**

a) 28 b) 29 c) 32 d) 27

11. **36203466 =**

a) 26 b) 25 c) 29 d) 30

12. **502123467 =**

a) 29 b) 40 c) 32 d) 30

13. **2234688 =**

a) 33 b) 31 c) 34 d) 26

14. **9273469 =**

a) 41 b) 40 c) 43 d) 38

15. **8239470 =**

a) 37 b) 32 c) 38 d) 33

16. **3123471 =**

a) 21 b) 22 c) 24 d) 29

17. **212340702 =**

a) 59 b) 22 c) 21 d) 23

18. **41234703 =**

a) 23 b) 24 c) 25 d) 28

19. **71234704 =**

a) 28 b) 33 c) 34 d) 27

20. **81234075 =**

a) 29 b) 34 c) 31 d) 30

21. **61230476** =

a) 29 b) 48 c) 30 d) 29

22. **81234787** =

a) 41 b) 46 c) 40 d) 42

23. **40123478** =

a) 29 b) 30 c) 31 d) 32

24. **10123979** =

a) 10 b) 33 c) 32 d) 35

25. **78178473** =

a) 41 b) 52 c) 54 d) 45

26. **41333481** =

a) 28 b) 27 c) 29 d) 31

27. **44633482** =

a) 34 b) 33 c) 35 d) 37

28. **55783456** =

a) 47 b) 46 c) 48 d) 43

29. **65773488** =

a) 50 b) 48 c) 47 d) 46

30. **78888087** =

a) 54 b) 45 c) 53 d) 51

अभ्यास 3. घटाने के लिए वस्तुनिष्ट प्रश्न

1.	**12**	-	**2**	=							
			a)	11	b)	9	c)	12	**d)**	**10**
2.	**14**	-	**0**	=							
			a)	14	b)	0	c)	12	d)	13
3.	**27**	-	**7**	=							
			a)	27	b)	20	c)	68	d)	69
4.	**29**	-	**9**	=							
			a)	20	b)	29	c)	68	d)	67
5.	**31**	-	**4**	=							
			a)	67	b)	27	c)	69	d)	70
6.	**38**	-	**7**	=							
			a)	31	b)	33	c)	39	d)	38
7.	**25**	-	**8**	=							
			a)	16	b)	17	c)	18	d)	20
8.	**37**	-	**7**	=							
			a)	27	b)	30	c)	23	d)	22
9.	**49**	-	**10**	=							
			a)	49	b)	10	c)	39	d)	49

10. **58** - **11** =

a) 57 b) 47 c) 58 d) 11

11. **54** - **14** =

a) 54 b) 30 c) 14 d) 40

12. **58** - **10** =

a) 39 b) 48 c) 58 d) 36

13. **81** - **14** =

a) 67 b) 68 c) 81 d) 14

14. **28** - **18** =

a) 11 b) 10 c) 22 d) 28

15. **66** - **16** =

a) 66 b) 50 c) 52 d) 51

16. **43** - **17** =

a) 28 b) 27 c) 26 d) 43

17. **85** - **20** =

a) 65 b) 64 c) 85 d) 20

18. **68** - **19** =

a) 58 b) 19 c) 68 d) 49

19. **78** - **22** =

a) 78 b) 56 c) 57 d) 58

20. **88** - **18** =

a) 80 b) 70 c) 81 d) 88

21. **98** - **30** =

a) 98 b) 67 c) 69 d) 68

22. **23** - **23** =

a) 23 b) 0 c) 22 d) 21

23. **91** - **45** =

a) 45 b) 91 c) 46 d) 47

24. **70** - **54** =

a) 70 b) 16 c) 54 d) 15

25. **33** - **26** =

a) 8 b) 26 c) 33 d) 7

26. **44** - **18** =

a) 26 b) 44 c) 25 d) 24

27. **95** - **13** =

a) 84 b) 82 c) 83 d) 95

28. **81** - **66** =

a) 81 b) 16 c) 15 d) 17

29. **97** - **33** =

a) 33 b) 97 c) 65 d) 64

30. **46** - **31** =

a) 31 b) 15 c) 16 d) 46

अभ्यास 4. गुणा के लिए वस्तुनिष्ठ प्रश्न

1. **1 x 11 =**

   a) 11 b) -11 c) 1 d) 22

2. **-2 x -5 =**

   a) -10 b) 10 c) -5 d) 15

3. **4 x -5 =**

   a) 20 b) 21 c) 25 d) -20

4. **-8 x 6 =**

   a) 42 b) 48 c) -48 d) 40

5. **-9 x -7 =**

   a) 63 b) -63 c) 9 d) 74

6. **10 x -2 =**

   a) 20 b) 10 c) -20 d) 5

7. **7 x 7 =**

   a) 49 b) -49 c) 7 d) 28

8. **-18 x -3 =**

   a) -36 b) 36 c) 18 d) 30

9. **3 x 20 =**

   a) 48 b) 42 c) 60 d) -60

10. **60 x -2 =**

   a) 120 b) 110 c) 30 d) -120

11. **-70 x 3 =**

a) 210 b) -210 c) 35 d) 70

12. **-9 x -9 =**

a) 9 b) -81 c) -18 d) 81

13. **13 x -2 =**

a) 26 b) 13 c) -26 d) 6

14. **4 x 22 =**

a) 88 b) 80 c) -88 d) 22

15. **15 x -5 =**

a) 75 b) -75 c) 70 d) 15

16. **-10 x 2 =**

a) 20 b) 21 c) -20 d) 5

17. **40 x -4 =**

a) 160 b) 20 c) 10 d) -160

18. **-50 x -1 =**

a) 50 b) -50 c) 25 d) 5

19. **2 x 16 =**

a) -32 b) 32 c) 8 d) 166

20. **20 x -10 =**

a) 200 b) -200 c) 2 d) 10

21. **7 x 11 =**

a) -77 b) 7 c) 67 d) 77

22. **2 x -11 =**

a) 22 b) -22 c) 11 d) -11

23. **-10 x 10 =**

a) -100 b) 100 c) 20 d) -20

24. **-15 x -10 =**

a) -25 b) 15 c) 150 d) -150

25. **7 x -5 =**

a) 35 b) 7 c) -35 d) 12

26. **-6 x 8 =**

a) -48 b) 48 c) 38 d) 14

27. **27 x -3 =**

a) 81 b) -81 c) -27 d) 30

28. **3 x -14 =**

a) 42 b) 14 c) -42 d) -17

29. **-5 x -5 =**

a) -25 b) -10 c) 10 d) 25

30. **-3 x 5 =**

a) 15 b) -15 c) -8 d) 8

अभ्यास 5. भाग के लिए वस्तुनिष्ठ प्रश्न

1. **-21 ÷ 7 =**

   a) -3 b) 3 c) 21 d) -7

2. **22 ÷ -11 =**

   a) 2 b) -2 c) -11 d) 3

3. **-100 ÷ -10 =**

   a) -10 b) 50 c) 10 d) -25

4. **-24 ÷ -12 =**

   a) -2 b) 4 c) -12 d) 2

5. **25 ÷ -5 =**

   a) 5 b) 15 c) -10 d) -5

6. **-64 ÷ 8 =**

   a) -8 b) 8 c) 64 d) 4

7. **27 ÷ -3 =**

   a) 27 b) 0.1 c) -9 d) 9

8. **-28 ÷ 14 =**

   a) 5 b) -2 c) 14 d) 2

9. **-50 ÷ -10 =**

   a) -5 b) 5 c) -10 d) -25

10. **30 ÷ -5 =**

    a) 6 b) 35 c) -6 d) 25

11. **90 ÷ -15 =**

    a) 60 b) -6 c) 6 d) -15

12. **62 ÷ -1 =**

a) 62 b) -62 c) -1 d) 63

13. **78 ÷ 13 =**

a) -6 b) 6 c) 78 d) 65

14. **39 ÷ -13 =**

a) -3 b) 3 c) 26 d) -26

15. **-98 ÷ 14 =**

a) 84 b) -7 c) 7 d) 112

16. **-85 ÷ 5 =**

a) 80 b) 17 c) -17 d) 90

17. **26 ÷ -13 =**

a) 2 b) 39 c) 13 d) -2

18. **77 ÷ -11 =**

a) 7 b) -7 c) 88 d) -66

19. **88 ÷ -22 =**

a) -4 b) 88 c) -66 d) 4

20. **18 ÷ -9 =**

a) 2 b) -2 c) 9 d) -18

21. **-90 ÷ -15 =**

a) -6 b) 75 c) 6 d) -105

22. **-90 ÷ 5 =**

a) -18 b) 85 c) -95 d) 18

23. **-64 ÷ 8 =**

a) 10 b) -8 c) 8 d) -56

24. **93 ÷ 3 =**

a) -31 b) -90 c) 31 d) 96

25. **-99 ÷ -33 =**

a) 3 b) -3 c) 66 d) 56

26. **85 ÷ -5 =**

a) 80 b) 17 c) -17 d) 90

27. **-69 ÷ -3 =**

a) 72 b) 23 c) -23 d) 68

28. **49 ÷ -7 =**

a) -7 b) 56 c) 7 d) 49

29. **98 ÷ -2 =**

a) 49 b) -49 c) 50 d) 98

30. **-25 ÷ -25 =**

a) -1 b) 1 c) -25 d) -50

31. **100 ÷ -25 =**

a) -75 b) -4 c) 4 d) 125

32. **-120 ÷ -12 =**

a) -10 b) 120 c) 140 d) 10

33. **180 ÷ -18 =**

a) -10 b) 198 c) 178 d) 10

34. **-200 ÷ 20 =**

a) -72 b) 100 c) -10 d) 10

35. **450 ÷ -15 =**

a) -45 b) 300 c) 30 d) -30

सभी प्रकार के उत्तर

उत्तर अभ्यास 1

1	a	10	b	19	a	28	a	37	a
2	b	11	d	20	c	29	c	38	a
3	b	12	a	21	d	30	b	39	a
4	d	13	b	22	b	31	a	40	a
5	c	14	d	23	b	32	b	41	b
6	d	15	a	24	d	33	d		
7	d	16	d	25	b	34	c		
8	c	17	b	26	b	35	c		
9	d	18	b	27	b	36	d		

उत्तर अभ्यास 2

1	a	7	d	13	a	19	a	25	a
2	d	8	a	14	b	20	d	26	b
3	a	9	c	15	d	21	d	27	a
4	b	10	c	16	a	22	c	28	d
5	c	11	d	17	c	23	a	29	b
6	a	12	c	18	b	24	c	30	a

उत्तर अभ्यास 3

1	d	7	b	13	a	19	b	25	d
2	a	8	b	14	b	20	b	26	a
3	b	9	c	15	b	21	d	27	b
4	a	10	b	16	c	22	b	28	c
5	b	11	d	17	a	23	c	29	d
6	a	12	b	18	d	24	b	30	b

उत्तर अभ्यास 4

1	a	7	a	13	c	19	b	25	c
2	b	8	b	14	a	20	b	26	a
3	d	9	c	15	b	21	d	27	b
4	c	10	d	16	c	22	b	28	c
5	a	11	b	17	d	23	a	29	d
6	c	12	d	18	a	24	c	30	b

उत्तर अभ्यास 5

1	a	8	b	15	b	22	a	29	b
2	b	9	b	16	c	23	b	30	b
3	c	10	c	17	d	24	c	31	b
4	d	11	b	18	b	25	a	32	d
5	d	12	b	19	a	26	c	33	a
6	a	13	b	20	b	27	b	34	c
7	c	14	a	21	c	28	a	35	d

अंक	रोमन नंबर	अंक	रोमन नंबर	अंक	रोमन नंबर
1	I	41	XLI	81	LXXXI
2	II	42	XLII	82	LXXXII
3	III	43	XLIII	83	LXXXIII
4	IV	44	XLIV	84	LXXXIV
5	V	45	XLV	85	LXXXV
6	VI	46	XLVI	86	LXXXVI
7	VII	47	XLVII	87	LXXXVII
8	VIII	48	XLVIII	88	LXXXVIII
9	IX	49	XLIX	89	LXXXIX
10	X	50	L	90	XC
11	XI	51	LI	91	XCI
12	XII	52	LII	92	XCII
13	XIII	53	LIII	93	XCIII
14	XIV	54	LIV	94	XCIV
15	XV	55	LV	95	XCV
16	XVI	56	LVI	96	XCVI
17	XVII	57	LVII	97	XCVII
18	XVIII	58	LVIII	98	XCVIII
19	XIX	59	LIX	99	XCIX
20	XX	60	LX	100	C
21	XXI	61	LXI	130	CXXX
22	XXII	62	LXII	150	CL
23	XXIII	63	LXIII	200	CC
24	XXIV	64	LXIV	400	CD
25	XXV	65	LXV	500	D
26	XXVI	66	LXVI	550	DL
27	XXVII	67	LXVII	900	CM
28	XXVIII	68	LXVIII	1000	M
29	XXIX	69	LXIX	1100	MC
30	XXX	70	LXX	1400	MCD
31	XXXI	71	LXXI	1500	MD
32	XXXII	72	LXXII	1600	MDC
33	XXXIII	73	LXXIII	4000	$M\bar{V}$
34	XXXIV	74	LXXIV	5000	V
35	XXXV	75	LXXV	5500	$\bar{V}D$
36	XXXVI	76	LXXVI	6000	$\bar{V}M$
37	XXXVII	77	LXXVII	9000	$M\bar{X}$
38	XXXVIII	78	LXXVIII	9500	$M\bar{X}D$
39	XXXIX	79	LXXIX	10000	X
40	XL	80	LXXX		

जोड़ने के लिए धन का प्रयोग

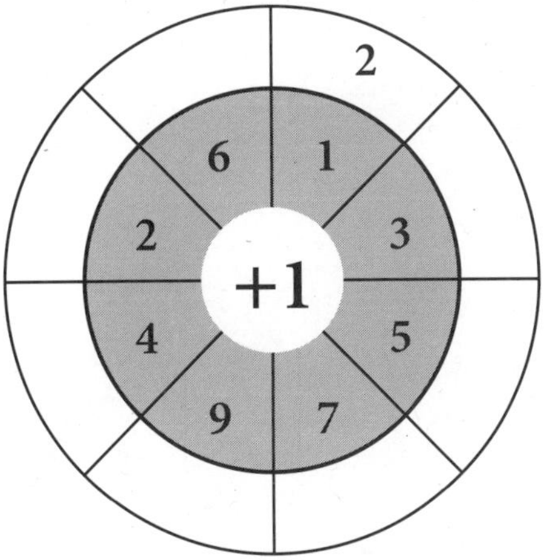

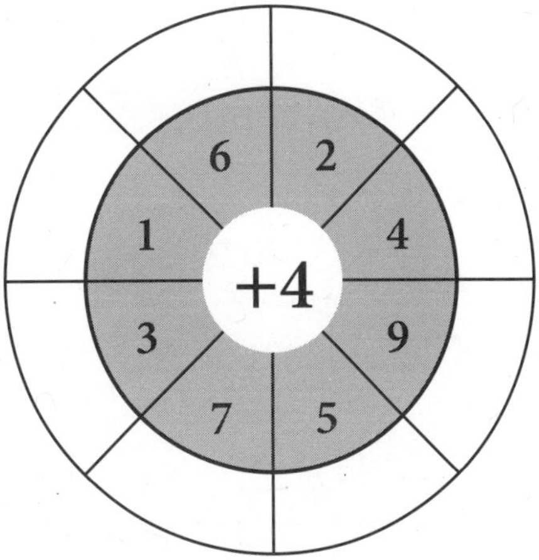

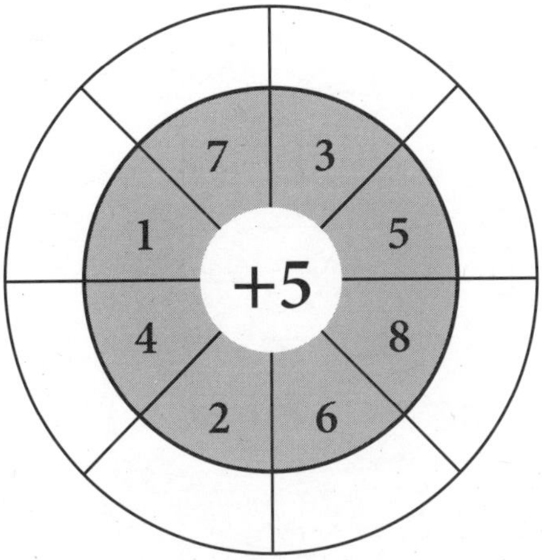

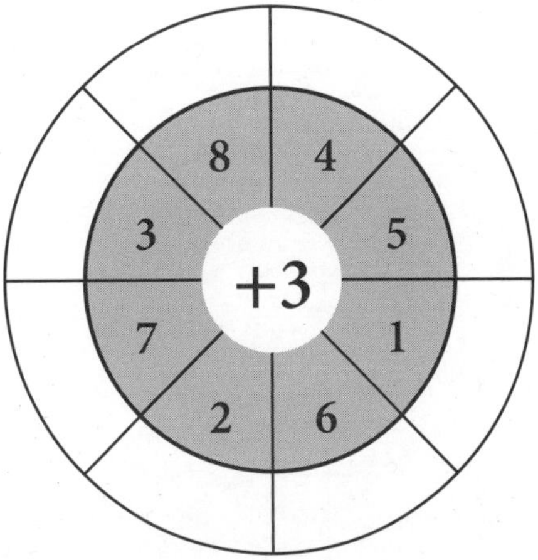

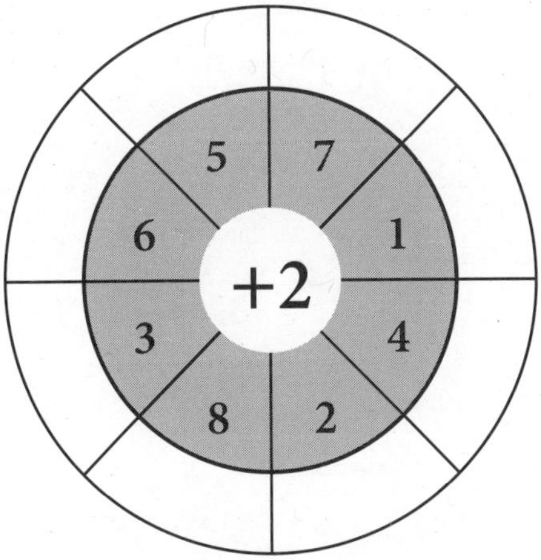

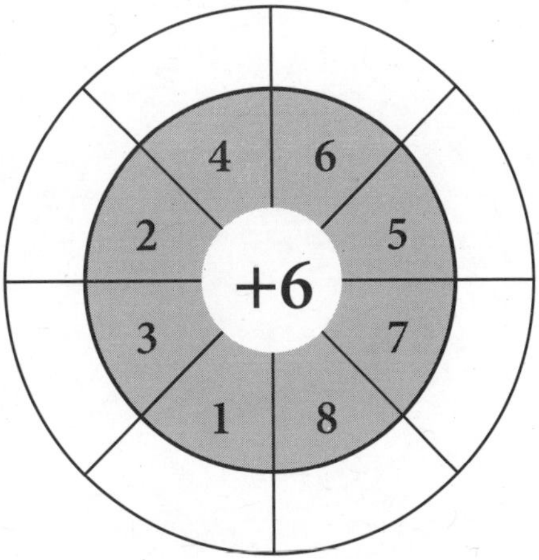

घटाने के लिए ऋण का प्रयोग

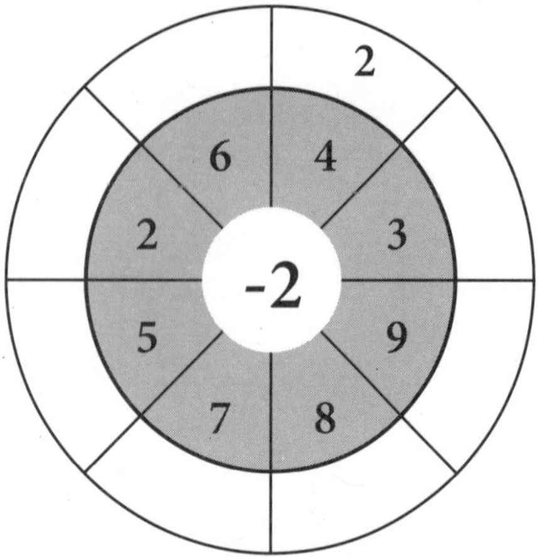

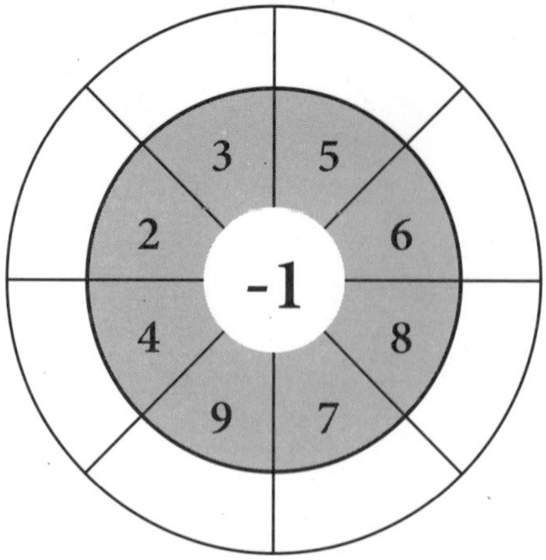

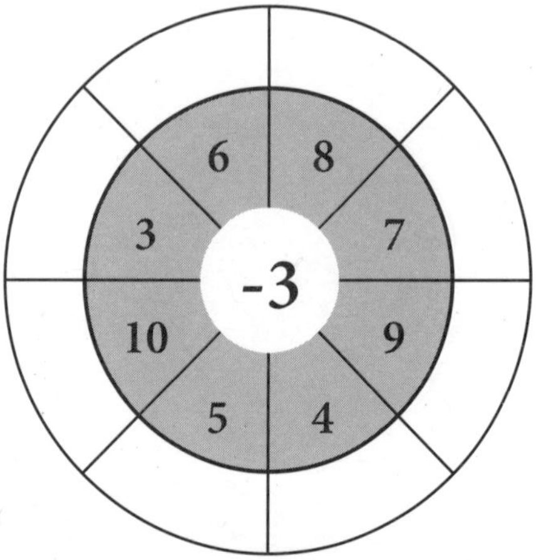

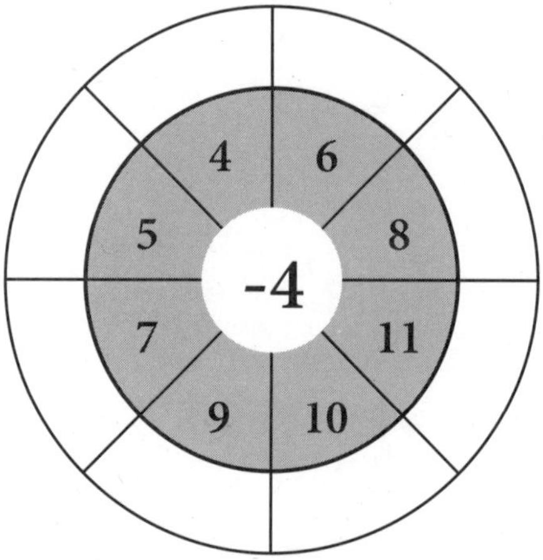

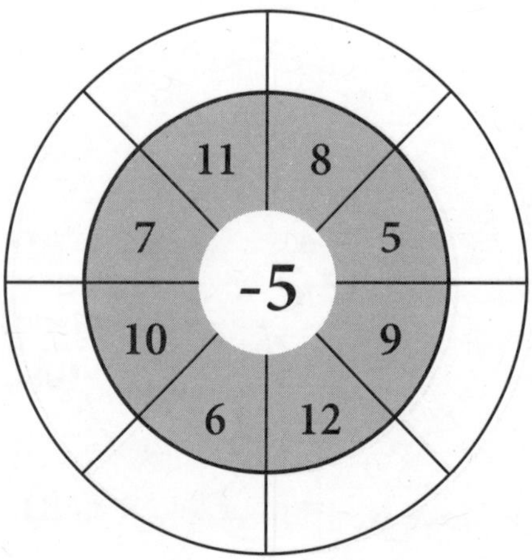

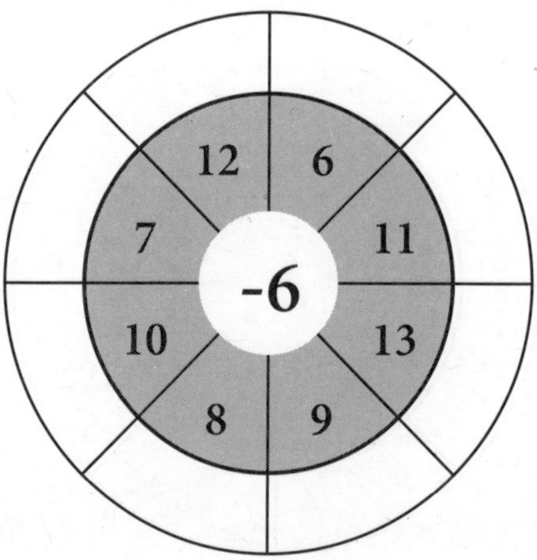

जोड़ने और घटाने के लिए धन और ऋण का प्रयोग

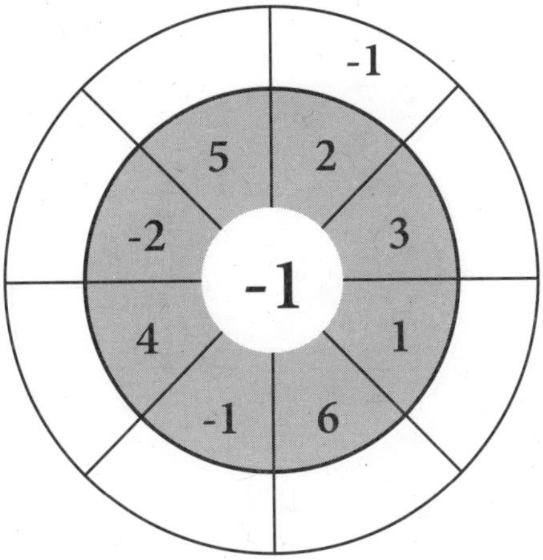

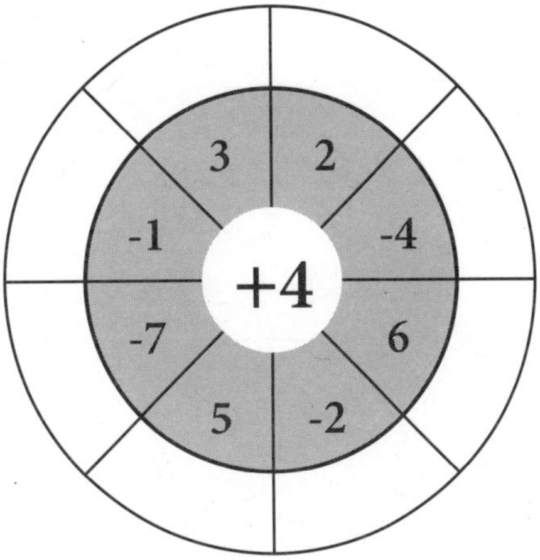

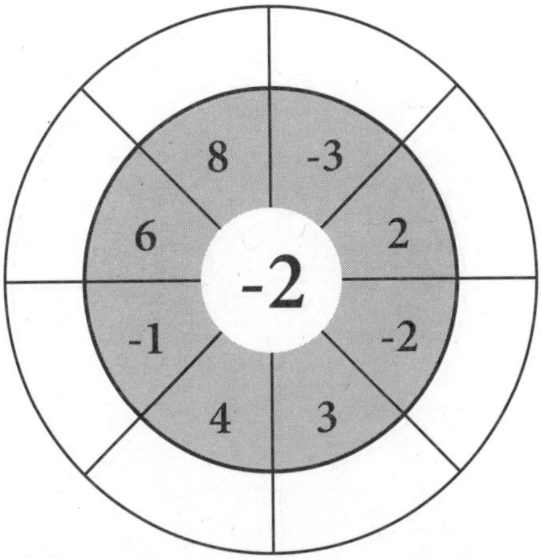

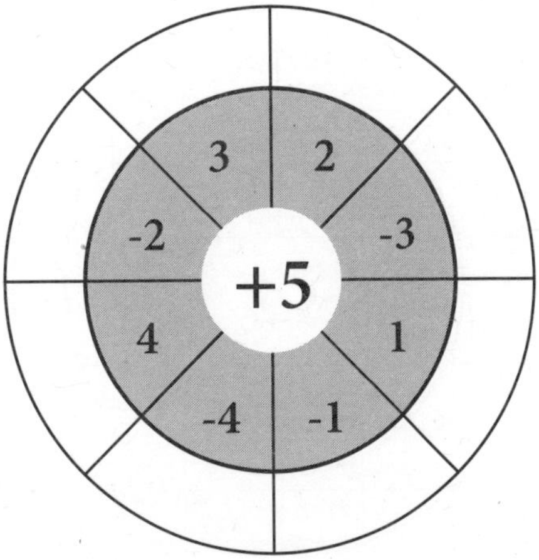

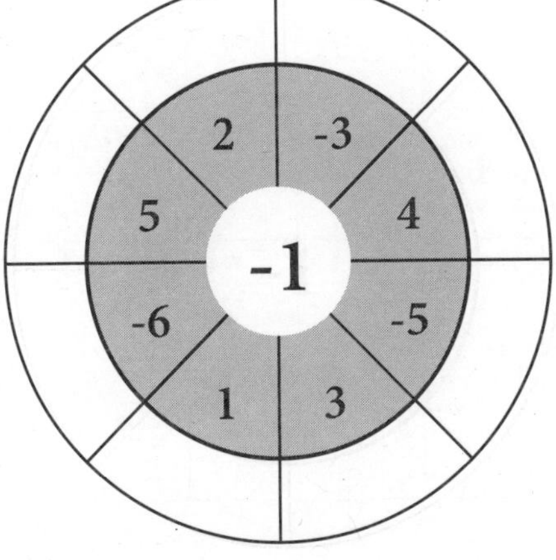

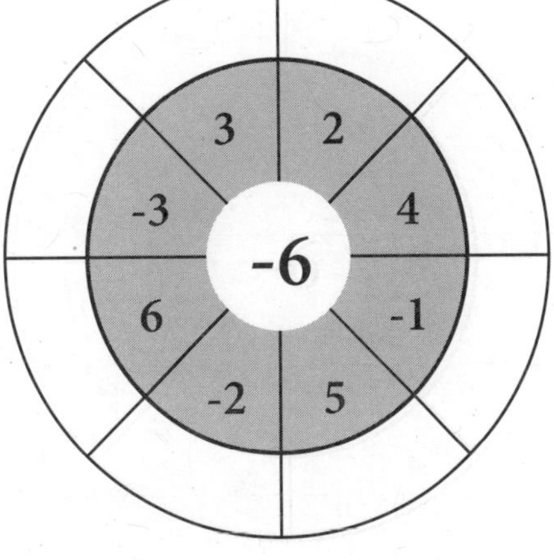

गुणा करने पर धन और ऋण चिन्ह का प्रयोग

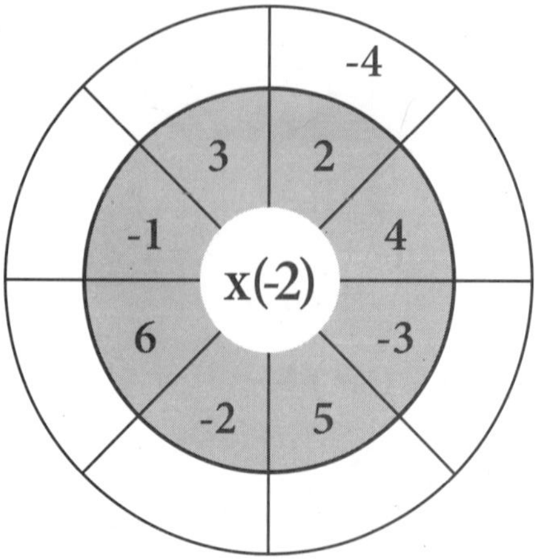

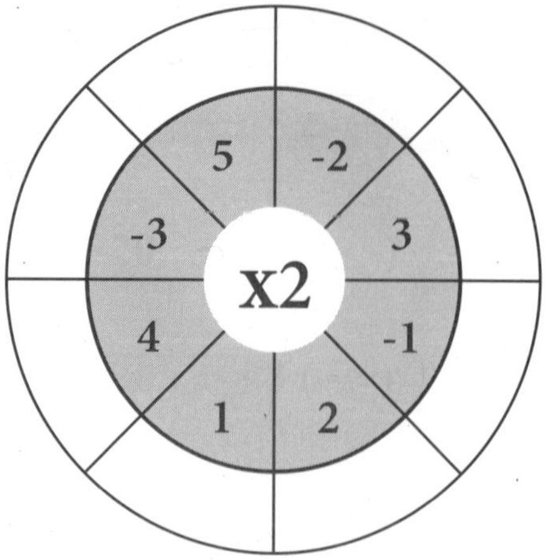

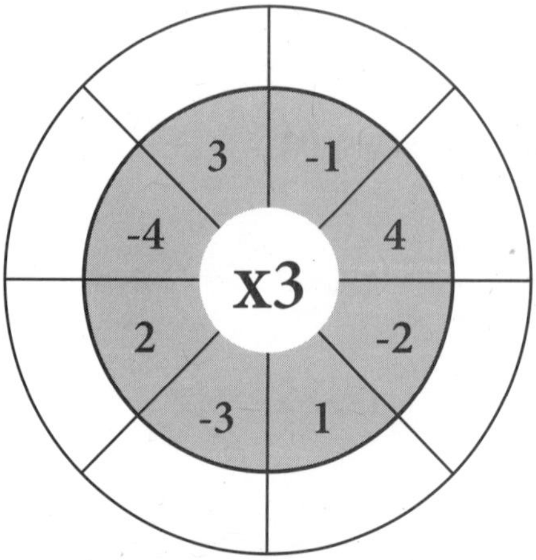

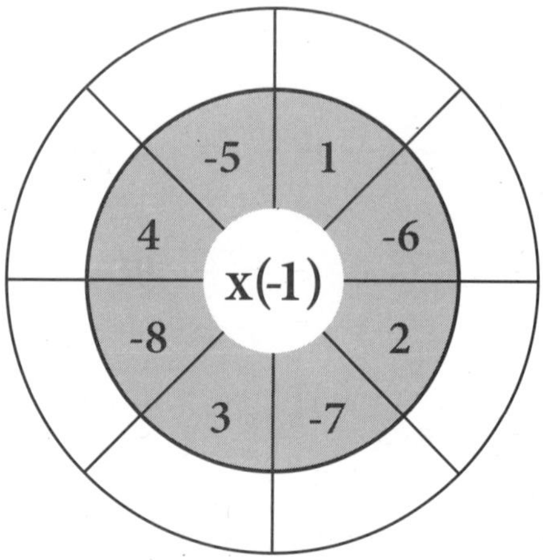

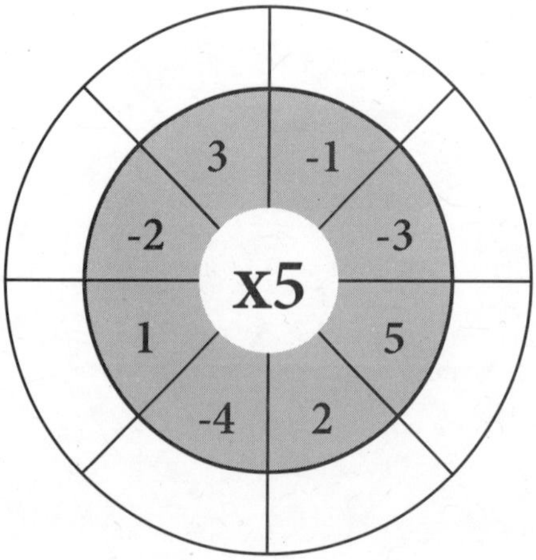

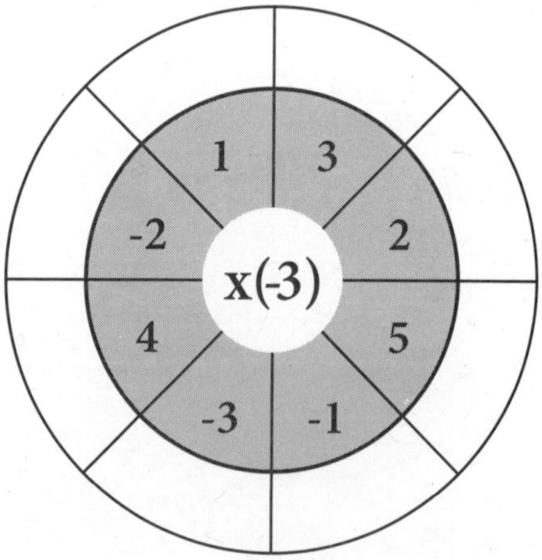

भाग करने पर धन और ऋण चिन्ह का प्रयोग

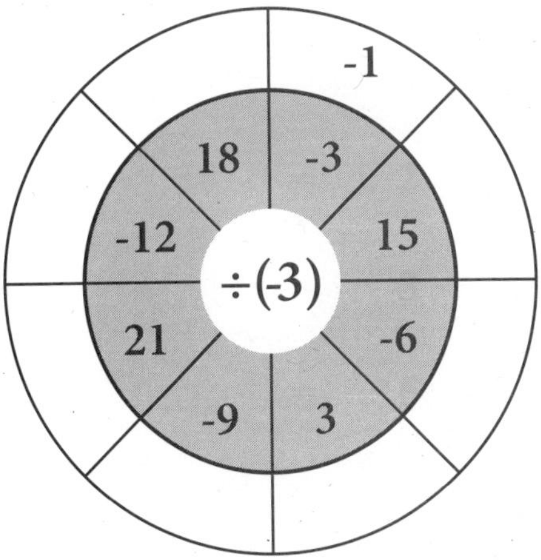

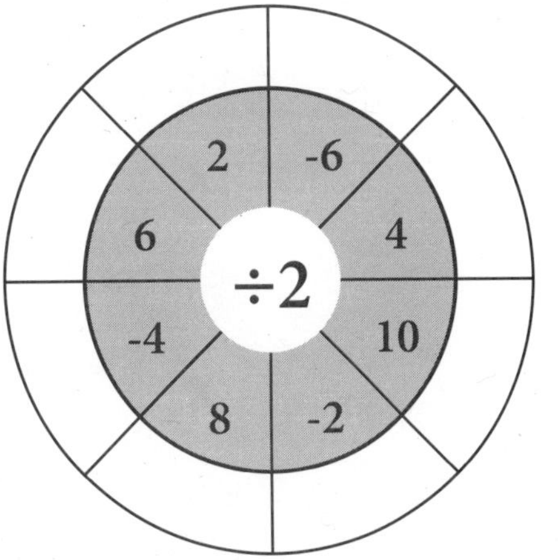

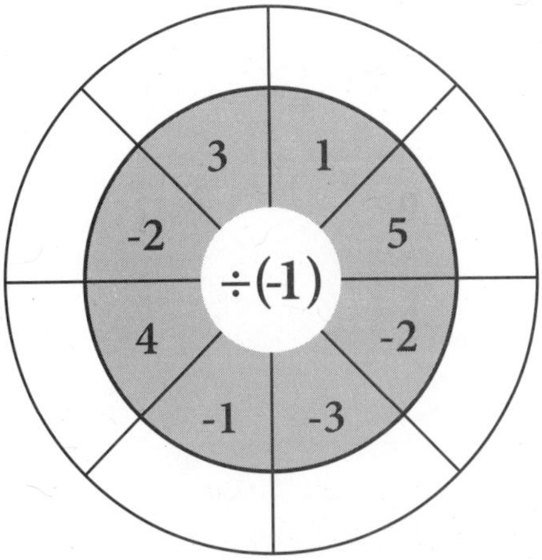

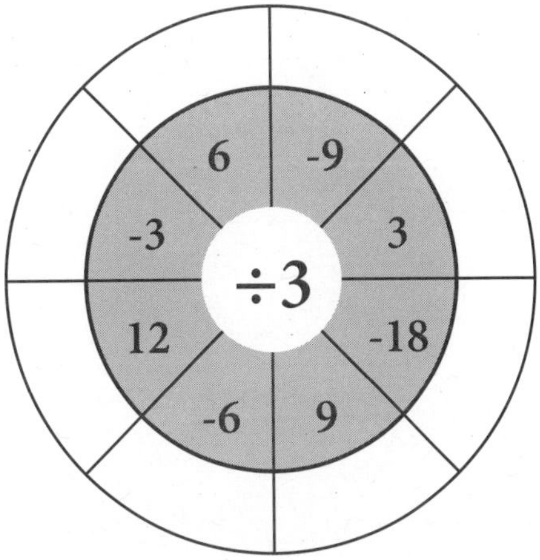

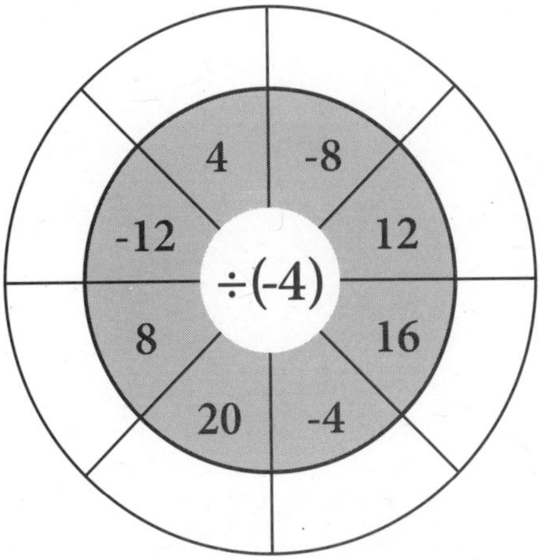

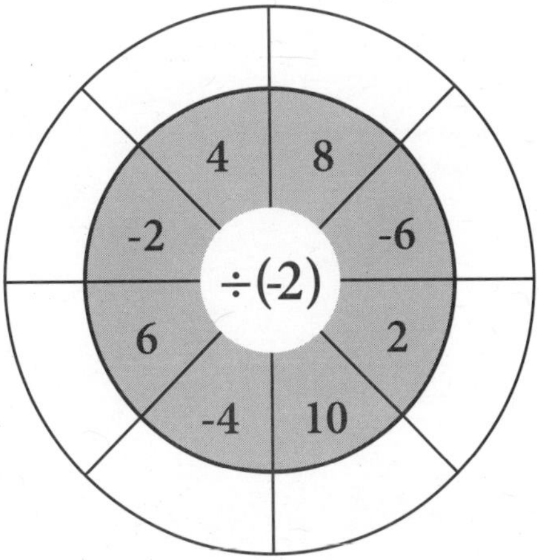